超重力理論入門

藤井保憲 著

産業図書

はじめに

超重力理論は1970年代の中頃に生まれ，素粒子と重力理論との統一を目指す現代的な理論として，非常に活発な研究の対象となった。本書の目的は，この理論の初歩について，可能な限り平易で，しかも正確な解説を試みることにある。

超重力理論は超対称性，すなわちボゾンとフェルミオンとの間の対称性を取り入れるように，アインシュタインの一般相対論を拡張したものである。周知のように，一般相対論では，時空の計量を基本的構成要素として理論が組み立てられるが，2階の対称テンソルである計量は，スピン2のボゾンを表し，重力子の場とも呼ばれる。超重力理論では，これに対するフェルミオンの相手としてスピン3/2の「重力微子」を導入する。この理論は，超対称性をゲージ化した理論となっており，そのゲージ場がまさに重力微子である。すなわち，ゲージ場の概念がフェルミオンにまで拡張され，ゲージ理論のひとつの極致に達したものと言えよう。

このような，純粋に理論的な面白さのほかに，超重力理論が目標としたのは，おおまかに言って次の二つであろう。第1は，無限大の現れない，あるいは少なくとも，くりこみの処方が使える重力の量子論を作ることである。これも周知のように，量子化されたアインシュタイン理論は，この点で全く無力であったが，超対称性がこれを救ってくれることが期待されたのである。実際，大統一理論に関連して大域的超対称性の理論が再認識されるようになったのは，これと似た理由によるのである。第2の目標としては，超対称性を拡張することにより，「普通の」素粒子であるスピン1/2のクォークやレプトンをも，重力子や重力微子と同一の「超対称多重項」の中に含ませ，すべての素粒子と重力を統一することであった。

多大な努力の後に，これらの目標がどれだけ達成されたかといえば，完全な満足には未だに遠いと言わざるを得ない。第1の有限な理論の問題に関しては，発散の程度が軽減されはするが，極めて部分的であることがわかった。これは，理論の極めて原理的なところに関連している。第2の点については，特に「最大限に拡張された」超重力理論（$N=8$）が有望視され，原理的な困難はなかったが，現実的に期待される対称性($SU(3)\times SU(2)\times U(1)$)を得ることが，あまり容易ではない，という状況である。

特に第1の点について，いささか不完全な比喩ではあるが，古典力学が，本来どうしても対処できない量子論的問題に直面したのと同様な感がある。この意味では理論の最先端が，場の理論としての超重力理論を越えた超弦理論に向かいつつあるのは当然であろう。そうではあっても，超重力理論が無用となったわけではない。超弦理論はあくまでも超重力理論の成果の上に立っており，また後者は前者の「場の理論的極限」である。また超重力理論の中で用いられた種々の概念が，理論の今後の発展の中で更に重要な役割を果たすことも十分に予想される。この点では，超重力理論は既に一種の「古典」となっているのであろうか。もしそうならば，素粒子と重力の統一を目指す研究者にとっては，超重力理論の基本を，あまり膨大な手間をかけずに迅速に習得しておく必要は，ますます高いように思われる。そのような目的の助けになろうというのが，著者の希望である。

ところで超重力理論は，その技巧的な面での複雑さにおいても有名であった。一般相対論のテンソルの計算のそれに，スピノル演算が輪をかけた形である。また，一般相対論はリーマン幾何学を基礎にしていたが，超重力理論ではその拡張であるリーマン・カルタンの幾何学が用いられる。しかしこの幾何学こそ，重力を素粒子との関連で取り扱う際の不可欠の道具であり，超重力理論の出現に先立つ多くの試みの中で，十分に準備されていたのである。そこで本書の第1章は，このリーマン・カルタンの幾何学，およびその応用の説明にあてられる。数学的厳密さは著者の領分ではないが，直感的で実用的な解説を心がけた。ここで，テンソル，多脚場，およびスピノルの計算法に慣れておけば，後の章の理解が容易になるであろう。

第2章は，超重力理論の原型の紹介である。ここまで読めば，超重力理論がどんなものか，最も本質的なことは理解できたはずである。しかしながら，超重力理論はその原型が発表されて間もなく，一般化の試みが急速に進んだ。

そのひとつの方向が多重超対称性を取り入れることであり，もうひとつが多次元時空への発展であった。両者は互いに密接に関連しているのであるが，本書では，特に多次元理論の原型となった11次元超重力理論を第3章で取り上げる。その予備段階として，一般の多次元理論（カルーザ・クライン理論）の説明を加えた。

11次元超重力理論の説明はやはり長く，錯綜して，しかも完全に最後まで行うことはできなかった。ある程度途中をスキップして読んでいただいても差し支えないが，一方，同様の試みを自分でしてみようと考える読者があれば，「問題」も参照することによって，十分実戦に役立てることもできるはずである。大体この分野の論文には，すべての式が書いてないことが多く，読む者のいらだちを誘うのであるが，本書ではそれを最小限におさえたつもりである。

始めに構想をたてた段階では，もっと多くの題材があったのであるが，すでに相当のページ数を費やしてしまった。入門と銘打つからには，これ以上の内容をつめこむことは差し控えたい。超重力理論の発展は膨大なものであるが，ここまでに得られた知識とテクニークによって，いろいろな論文を読む準備は十分に出来たことと思う。一部ではあるが巻末に文献を挙げてあるので参考にしてほしい。

実は，たくさんの題材をカバーするには，式を減らして文章でつなぎ，ときにはアクロバット的な論理を駆使するという方法もある。専門家むきの総合報告などによく使われるのであるが，それは採りたくなかった。逆に，論文ならば「…となる。」と一行でかたずけられるところに，数ページの解説を費やした箇所もある。くどすぎる，とか，冗長であるという批判は甘受するつもりである。しかしそのために，式が多いわりには早く読めるのではないかと思っている。それでも，あまりに路面上の障害物が多くて行く先も満足に見えない，と感じた所では，計算の詳細を，「問題」という形を借りて地下に埋め込んでみた。ただし解答は可能な限り詳しくつけてあるので，必要によっては参照していただきたい。付録もややこれと似たところがあるが，もっと一般的な事項をこれにおさめた。

この種の論文や本で、本質的ではないが，実際上非常に悩まされるのが，文字記号の使いかたである。大文字，小文字，ギリシャ文字など動員しても，なかなか追い付かない。はじめは，本書全体を通じて一貫した使用法を採用しようと考えてみたが，そのために，それぞれの場所でかえって不便が生ずるきらいがあった。そこで，あまり極端にならない限り，むしろ各章，各節で使用法が異なってもよいと考えるようになった。そのかわり，要所要所に脚注をつけた。脚注はほとんど記号法に関してのみつけてあるので利用していただきたい。

本書は，数年前からいくつかの大学院で，院生および研究者の方々に，超重力理論に興味を持ってもらうために行った講義をもとにしたものである。また一部は，私自身の勉強のノートでもある。本当に入口までで終っている感が強いが，読者の今後の研究の一助になれば幸である。

同僚の東京大学教授加藤正昭氏からは，共同で研究を行う機会を得て，さまざまな事がらを教えていただき，またそれを本書でも活用させていただいた。北里大学教授の林憲二氏には，リーマン・カルタン幾何学に基づく理論に早くから接する機会を与えていただいたことを感謝したい。さらに原稿にも目を通していただいた。Brandeis 大学の研究員西野仁博士からも，テクニカルな点で重要な示唆をいただいた。本書の出版は，帝塚山大学学長の内山龍雄教授のお薦めと励ましによって初めて可能となったものである。また教授の長年にわたる薫陶に対しても，この場所を借りて心からお礼申しあげたい。最後に，マグロウヒルブックの藤村行俊氏の熱意とご理解に感謝したい。

1986 年 9 月

著者しるす

1987 年 にマグロウヒルブック株式会社から「超重力理論入門」を出版したが、第２刷が同年５月１５日に発行された後、会社が消滅したため絶版を余儀なくされた。ところが最近になっても需要があるとのことで、産業図書株式会社に依頼したところ、再出版を快諾下さり同じ書名で装いを新たに発行して頂けることになった。鈴木正昭氏のご尽力に感謝したい。

2005 年 7 月

著者しるす

目　次

第1章　リーマン・カルタン時空

重力は時空の曲がりである。これがアインシュタインの一般相対論の背後にある最も重要な考えかたである。これを，「重力の幾何学的理論」と呼ぶことにしよう。時空の曲がりかたというのは，幾何学的な概念だからである。これを具体化するために，アインシュタインは，さらに特別な仮定をおいた。すなわち，曲がった時空はリーマン幾何学によって記述されるものであり，また時空の曲がりかたは，いわゆるアインシュタイン方程式によって表されるものとした。こうしてできたのが，一般相対論と呼ばれる理論である。上に述べた仮定はいずれも最も単純で，したがって美しいものである。当時としては，これより複雑な理論を考える理由はなかったであろう。

もちろんアインシュタインは，この一般相対論を，地球とか天体とか，さらには宇宙全体といった，巨視的対象に適用される重力理論であると考えていた。これにたいして，微視的な対象，つまり原子や素粒子といった小さなものについては，重力の影響はあまり重要とみなされてはいなかった。それは，ある意味で当然ともいえる。そもそも重力は，ニュートンの万有引力の法則にみられるように，物体の質量に比例し，微視的な素粒子などでは，重力よりも他の力，例えば電磁的な力などの方が，はるかに強いのは事実である。しかしながら，すべての巨視的な物体が，微視的な素粒子から出来ていることもまた事実である。巨大な天体が作り出す重力も，もとをただせば，ひとつひとつの素粒子が作る重力から成るものであろう。こう考えるならば，素粒子に適用される重力理論も存在しなければならない。それはやはり，一般相対論そのものであろうか。

現実の物質世界の大部分を占めるのは，核子や電子といったフェルミオンである。相対論的場の量子論によれば，これらの素粒子は，ディラック方程式に従うスピノル場によって記述される。スピノルとは，ロレンツ変換にたいして一定の変換則を示す既約表現である。重力が存在し，その結果平らなミンコフスキー時空が，曲がったリーマン時空になったとき，スピノルは一般座標変換のもとで一定の変換を示すであろうか。実は，一般座標変換には，そのような既約表現は存在しないことが知られている。ベクトルやテンソルは，ロレンツ変換の既約表現であると同時に，一般座標変換に対しても一定の変換則を示すのであるが，フェルミオンには違った様相があると言わなければならない。

この点を解決するためには，局所ミンコフスキー時空，あるいは，局所ロレンツ変換という概念を駆使しなければならない。計量のほかに，曲がった時空と局所ミンコフスキー時空とを結び付ける「四脚場」(vierbein または tetrad) という量が重要となってくる。これは計量よりも一層基本的な量である。さらに，曲率のほかに，捩率 (torsion) と呼ばれる量が登場する。これがリーマン・カルタンの幾何学であり，このとき，時空はリーマン・カルタン時空と呼ばれる。一般相対論においては，物質のエネルギー・運動量テンソルが時空の曲率を作り出したのであるが，素粒子のスピンは，時空に捩率をあたえるのである。素粒子に適用できる重力理論はこのように，一般相対論よりも広いものとならざるをえない。複雑にはなるが，見方によっては，「重力の幾何学的理論」の更に豊富な面が現れてくる，ともいえよう。

この章では，このリーマン・カルタン幾何学の簡単な解説をする。当然，四脚場の説明からはいらなければならないが，上に述べた捩率の概念そのものは，計量を使うだけでも説明出来る。したがって第1節で計量を用いた理論の復習をする際に，捩率のある場合を含めることにする。第2節で，いよいよ四脚場を導入し，局所ロレンツ変換のゲージ理論を展開する。次の第3節では，重力場の方程式を議論する。これはアインシュタイン方程式の拡張であるが，特に，1階方式と呼ばれる方法を説明する。これまでの議論は，実は任意の次元数の時空に対して通用することを付け加えておく。この章の最後の第4節では，スピノル場の共変的な定式化について述べる。

この章の後半は，超重力理論への最短コースとしては少し厚すぎるかもしれないが，スタンダードな一般相対論の教科書との間のギャップを埋めたい，という著者の希望の反映でもある。

1節　アファイン接続と捩率

この節では，計量によって記述される重力理論の要点を復習しておく。ただ，先にも述べたように，アインシュタインの一般相対論そのものよりも，少し枠を広げて，捩率のある場合も含まれるようにしておく。いずれにしても，リーマン幾何学の初歩については，詳しい説明はしない。この部分については，公式の羅列になるかもしれないが，この本で使う記号の説明ともしたい。

座標と計量　まず座標 x^μ の上の添字は $\mu=0,1,2,3$ とし，x^0 を時間座標とする。特別の場合を除き，$c=1$ の単位系を使うこととする。線素の式を

$$ds^2=g_{\mu\nu}dx^\mu dx^\nu \tag{1.1}$$

と書く。アインシュタインの等価原理によれば，この計量 $g_{\mu\nu}(x)$ によって記述される時空多様体の接空間は，特殊相対論が成り立つミンコフスキー時空である。この平らなミンコフスキー時空の計量を $\eta_{\mu\nu}$ と書き，特に

$$\eta_{\mu\nu}=\eta^{\mu\nu}=\begin{pmatrix}-1&&&\\&1&&\\&&1&\\&&&1\end{pmatrix} \tag{1.2a}$$

とする。$\eta_{00}=\eta^{00}=-1$ とするのであるが，これと逆符号による記法もよく使われるので，注意が必要である。(2a) は*)

$$\eta_{\mu\nu}=\mathrm{diag}(-+++) \tag{1.2b}$$

と略記されることも多い。あとの章で，4次元よりも次元の高い時空も考えるが，この節に現れる式のほとんどは，一般の D 次元にもそのままあてはまる。そのためには，$\mu=0,1,\cdots,D-1$ としさえすればよい。ただその場合も，時間的な変数は x^0 ひとつだけであるとする。したがって，(2a)は $D\times D$ の行列となり，(2b)は

$$\eta_{\mu\nu}=\mathrm{diag}(-++\cdots+) \tag{1.2c}$$

と書かれる。

接続と捩率　さて，共変ベクトル $A_\mu(x)$ の平行移動は

$$A_\mu(x+dx /\!/ x)=A_\mu(x)+\Gamma^\lambda{}_{\mu\nu}(x)A_\lambda(x)dx^\nu \tag{1.3a}$$

と書かれる。同様に反変ベクトルに関しては

$$A^\mu(x+dx /\!/ x)=A^\mu(x)-\Gamma^\mu{}_{\lambda\nu}(x)A^\lambda(x)dx^\nu \tag{1.3b}$$

である。ここで，アファイン接続 $\Gamma^\lambda{}_{\mu\nu}$ の下の二つの添字については，一般には必ず

---

*）同じ節の中の式の番号を引用するときは，節を表す初めの数字を省略することにする。

しも対称ではないとしておき，dx^{ν} に現れる添字 ν をうしろに書くことにする。(3) に応じて，共変微分は

$$\nabla_{\nu} A_{\mu} = \partial_{\nu} A_{\mu} - \Gamma^{\lambda}{}_{\mu\nu} A_{\lambda} \tag{1.4a}$$

$$\nabla_{\nu} A^{\mu} = \partial_{\nu} A^{\mu} + \Gamma^{\mu}{}_{\lambda\nu} A^{\lambda} \tag{1.4b}$$

と記す。添字の多いテンソルに関する拡張の仕方は明らかなものとしよう。特に計量は，平行移動によって不変なものとする：

$$\nabla_{\lambda} g_{\mu\nu} = 0 \tag{1.5}$$

これを計量条件と呼ぶ。具体的に書くと

$$\partial_{\lambda} g_{\mu\nu} - \Gamma^{\rho}{}_{\mu\lambda} g_{\rho\nu} - \Gamma^{\rho}{}_{\nu\lambda} g_{\mu\rho} = 0 \tag{1.6a}$$

μ, ν, λ をサイクリックに入れ換えたもの

$$\partial_{\mu} g_{\nu\lambda} - \Gamma^{\rho}{}_{\nu\mu} g_{\rho\lambda} - \Gamma^{\rho}{}_{\lambda\mu} g_{\nu\rho} = 0 \tag{1.6b}$$

$$\partial_{\nu} g_{\lambda\mu} - \Gamma^{\rho}{}_{\lambda\nu} g_{\rho\mu} - \Gamma^{\rho}{}_{\mu\nu} g_{\lambda\rho} = 0 \tag{1.6c}$$

を書いておき，$-(6a)+(6b)+(6c)$ を作ると

$$\begin{aligned} -\partial_{\lambda} g_{\mu\nu} + \partial_{\mu} g_{\nu\lambda} + \partial_{\nu} g_{\lambda\mu} - 2\Gamma^{\rho}{}_{(\mu\nu)}\, g_{\lambda\rho} \\ -2\Gamma^{\rho}{}_{[\lambda\mu]}\, g_{\rho\nu} - 2\Gamma^{\rho}{}_{[\lambda\nu]}\, g_{\rho\mu} = 0 \end{aligned} \tag{1.7}$$

を得る。ここで，対称化，反対称化の記号として

$$\Gamma^{\rho}{}_{(\mu\nu)} \equiv \frac{1}{2}(\Gamma^{\rho}{}_{\mu\nu} + \Gamma^{\rho}{}_{\nu\mu}) \tag{1.8a}$$

$$\Gamma^{\rho}{}_{[\mu\nu]} \equiv \frac{1}{2}(\Gamma^{\rho}{}_{\mu\nu} - \Gamma^{\rho}{}_{\nu\mu}) \tag{1.8b}$$

を使った。さらに

$$C^{\rho}{}_{,\mu\nu} = -C^{\rho}{}_{,\nu\mu} = 2\Gamma^{\rho}{}_{[\mu\nu]} \tag{1.9a}$$

と書いて，これを捩率と呼ぶことにすると*)，(7a) は

---

*) この添字におけるコンマは，普通にはあまり使われない。しかし，うしろの2字について反対称であることを明示するために便利なので，本書ではコンマを入れることにする。そのかわり，コンマを微分の意味で使うことは，本書では一切しない。同様な例として $S^{\lambda}{}_{,\mu\nu}$ や $\Delta_{i,jk}$ があとで出てくる。また，$\omega^{ij}{}_{,\mu}$ や $K^{\sigma}{}_{\mu,\nu}$ では，初めの2文字が反対称であることを示す。

$$g_{\rho\lambda}\Gamma^{\rho}{}_{(\mu\nu)}=\frac{1}{2}(\partial_\mu g_{\nu\lambda}+\partial_\nu g_{\mu\lambda}-\partial_\lambda g_{\mu\nu})$$
$$-\frac{1}{2}g_{\nu\rho}C^{\rho}{}_{,\lambda\mu}-\frac{1}{2}g_{\mu\rho}C^{\rho}{}_{,\lambda\nu} \tag{1.9b}$$

となる。これに $g^{\sigma\lambda}$ をかけると

$$\Gamma^{\sigma}{}_{(\mu\nu)}=\begin{Bmatrix}\sigma\\ \mu\ \nu\end{Bmatrix}-\frac{1}{2}C_{\nu,}{}^{\sigma}{}_{\mu}-\frac{1}{2}C_{\mu,}{}^{\sigma}{}_{\nu} \tag{1.9c}$$

を得る。ここで

$$\begin{Bmatrix}\sigma\\ \mu\ \nu\end{Bmatrix}=\frac{1}{2}g^{\sigma\lambda}(\partial_\mu g_{\lambda\nu}+\partial_\nu g_{\lambda\mu}-\partial_\lambda g_{\mu\nu}) \tag{1.10}$$

はクリストフェルの3指記号である。$C^{\lambda}{}_{,\mu\nu}$ の三つの添字のうち，あとの二つについては，(9a)に示される反対称性があるが，始めの添字については特別な対称性はないので，(9b,c)においても，上下の添字の順序を保つように注意しなくてはならない。さらに $\Gamma^{\sigma}{}_{\mu\nu}$ 自身を求める。まず

$$\Gamma^{\sigma}{}_{\mu\nu}=\Gamma^{\sigma}{}_{(\mu\nu)}+\Gamma^{\sigma}{}_{[\mu\nu]} \tag{1.11}$$

により

$$\Gamma^{\sigma}{}_{\mu\nu}=\begin{Bmatrix}\sigma\\ \mu\ \nu\end{Bmatrix}+K^{\sigma}{}_{\mu,\nu} \tag{1.12a}$$

を得る。ここで捩率でつくられる量

$$K^{\sigma}{}_{\mu,\nu}=\frac{1}{2}(C^{\sigma}{}_{,\mu\nu}+C_{\mu,\nu}{}^{\sigma}+C_{\nu,\mu}{}^{\sigma}) \tag{1.12b}$$

は，コントーション（contortion）と呼ばれる。これは捩率とは異なり，前の2字の入れ換えに対して反対称である：

$$K_{\sigma\mu,\nu}=-K_{\mu\sigma,\nu} \tag{1.12c}$$

この意味で，2番目と3番目の添字の間にコンマをつける（4ページの脚注を参照）。あとの2字については特別の対称性はないが

$$K_{\sigma[\mu,\nu]}=\frac{1}{2}C_{\sigma,\mu\nu} \tag{1.12d}$$

が成り立つ。

捩率なしの条件

$$C^{\sigma}{}_{,\mu\nu}=0 \tag{1.13a}$$

をおくことができ，このときには，$\Gamma^{\sigma}{}_{\mu\nu}$ は $\mu\nu$ について対称となり，したがってク

リストフェル記号のみで与えられる：

$$\Gamma^{\sigma}{}_{\mu\nu} = \Gamma^{\sigma}{}_{\nu\mu} = \begin{Bmatrix} \sigma \\ \mu\ \nu \end{Bmatrix} \tag{1.13b}$$

アファイン接続がこれによって与えられる空間がリーマン空間である。

捩率の幾何学的意味　ここで捩率の幾何学的意味を説明しよう。時空の一点 P から，微小なベクトル ξ^{μ}，η^{μ} を引き，それぞれの先端を R_{I}，R_{II} とする。これらの 2 辺を平行移動させて，「平行四辺形」を作ってみよう。

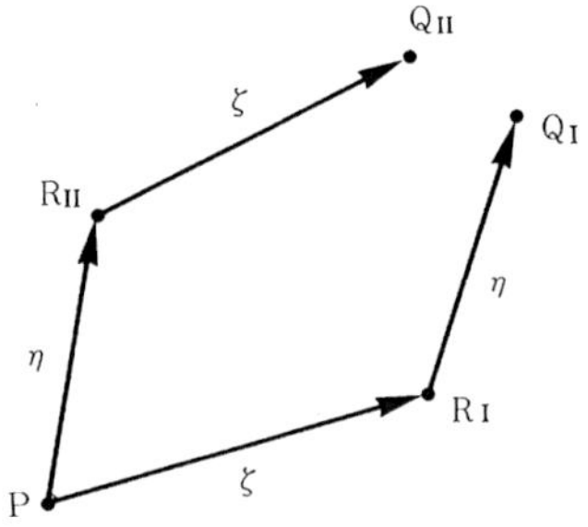

図 1

まず η^{μ} を R_{I} まで平行移動しよう。その先端を Q_{I} と書くと

$$\begin{aligned}(\overrightarrow{R_{\mathrm{I}}Q_{\mathrm{I}}})^{\mu} &= \eta^{\mu} - \Gamma^{\mu}{}_{\lambda\nu}(\overrightarrow{PR_{\mathrm{I}}})^{\nu}\eta^{\lambda} \\ &= \eta^{\mu} - \Gamma^{\mu}{}_{\lambda\nu}\,\xi^{\nu}\eta^{\lambda}\end{aligned} \tag{1.14a}$$

したがって

$$(\overrightarrow{PQ_{\mathrm{I}}})^{\mu} = \xi^{\mu} + \eta^{\mu} - \Gamma^{\mu}{}_{\lambda\nu}\,\xi^{\nu}\eta^{\lambda} \tag{1.14b}$$

次に ξ^{μ} と η^{μ} とを入れ換えると，$(\overrightarrow{PQ_{\mathrm{II}}})^{\mu}$ が得られる：

$$\begin{aligned}(\overrightarrow{PQ_{\mathrm{II}}})^{\mu} &= \eta^{\mu} + \xi^{\mu} - \Gamma^{\mu}{}_{\lambda\nu}\,\eta^{\nu}\xi^{\lambda} \\ &= \eta^{\mu} + \xi^{\mu} - \Gamma^{\mu}{}_{\nu\lambda}\,\xi^{\nu}\eta^{\lambda}\end{aligned} \tag{1.14c}$$

(14b) との差を作ると

$$(\overrightarrow{Q_{\mathrm{I}}Q_{\mathrm{II}}})^{\mu} = -(\Gamma^{\mu}{}_{\nu\lambda} - \Gamma^{\mu}{}_{\lambda\nu})\xi^{\nu}\eta^{\lambda} = -C^{\mu}{}_{,\nu\lambda}\,\xi^{\nu}\eta^{\lambda} \tag{1.14d}$$

したがって，平行四辺形が閉じるのは，捩率が0の場合に限られることがわかる。捩率は，これが閉じない分量を表すのである。

曲率　リーマン曲率テンソルは

$$R^{\rho}{}_{\sigma,\mu\nu}=\partial_{\mu}\Gamma^{\rho}{}_{\sigma\nu}-\partial_{\nu}\Gamma^{\rho}{}_{\sigma\mu}+\Gamma^{\rho}{}_{\lambda\mu}\Gamma^{\lambda}{}_{\sigma\nu}-\Gamma^{\rho}{}_{\lambda\nu}\Gamma^{\lambda}{}_{\sigma\mu} \tag{1.15}$$

によって与えられる*⁾。符号を反対にした定義もよく用いられるので注意しなければならない。これからリッチテンソルを定義する。

$$\begin{aligned} R_{\mu\nu} &= R^{\rho}{}_{\mu,\rho\nu} \\ &= \partial_{\lambda}\Gamma^{\lambda}{}_{\mu\nu}-\partial_{\nu}\Gamma_{\mu}+\Gamma_{\sigma}\Gamma^{\sigma}{}_{\mu\nu}-\Gamma^{\lambda}{}_{\sigma\nu}\Gamma^{\sigma}{}_{\mu\lambda} \end{aligned} \tag{1.16a}$$

ここで

$$\Gamma_{\mu}\equiv\Gamma^{\rho}{}_{\mu\rho} \tag{1.16b}$$

とおいた。

これにも，$R^{\rho}{}_{\mu,\nu\rho}$ とする定義もあり，(16a)と反対符号となる。(15)の定義のちがいと合わせて，文献を参照するときに気をつけなければならない点である。

ところで，捩率がある場合，リッチテンソルは対称ではない。実際

$$2R_{[\mu\nu]}=\nabla_{\lambda}C^{\lambda}{}_{,\mu\nu}+2\nabla_{[\mu}C_{\nu]}-C_{\lambda}C^{\lambda}{}_{,\mu\nu}+C^{\rho,\sigma}{}_{[\mu}C_{\nu],\rho\sigma} \tag{1.17a}$$

となることが確かめられる。[問題1-1：これを示せ] ここで

$$C_{\lambda}\equiv C^{\rho}{}_{,\lambda\rho} \tag{1.17b}$$

である。

最後にスカラー曲率は

$$R=R^{\mu}{}_{\mu} \tag{1.18}$$

によって定義される。上記の符号の選択に対応して，R にも符号のちがう定義がある。ここで述べたものは，球にたいして $R>0$ を与える。

その他，曲率テンソルに関する対称性，恒等式を集めておく。[問題1-2：これを導け]

$$R_{\rho\sigma,\mu\nu}=-R_{\sigma\rho,\mu\nu}=-R_{\rho\sigma,\nu\mu} \tag{1.19a}$$

---

*）添字におけるこのコンマも一般には使われないが，すぐ後でも注意するように，捩率がある場合，前の2字とうしろの2字とのちがいは特に顕著であることを思い出させるためにも，有用であろう。

$$R^{\tau}{}_{[\sigma,\mu\nu]} = -\nabla_{[\mu}\, C^{\tau}{}_{,\nu\sigma]} - C^{\lambda}{}_{,[\mu\nu} C^{\tau}{}_{,\sigma]\lambda} \qquad (1.19\text{b})$$

$$\nabla_{\underline{\lambda}} R^{\tau}{}_{\sigma,\underline{\mu\nu}} = R^{\tau}{}_{\sigma,\rho\underline{\lambda}}\, C^{\rho}{}_{,\underline{\mu\nu}} \qquad (1.19\text{c})$$

捩率がない場合と異なり，$R_{\rho\sigma,\mu\nu} = R_{\mu\nu,\rho\sigma}$ という対称性はない．(19b)において[　]でかこまれた添字は，それについて反対称化することを意味する。また場合によっては(19c)におけるように，反対称化する添字を明示する記法を用いることもある*)。

アインシュタインテンソル

$$G_{\mu\nu} = R_{\mu\nu} - \frac{1}{2} g_{\mu\nu} R \qquad (1.20\text{a})$$

は，ビアンキ恒等式(19c)の結果として

$$\nabla_{\mu} G^{\mu\nu} = -\left(\frac{1}{2} R_{\lambda\sigma,\rho}{}^{\nu} + \delta^{\nu}_{\lambda} R_{\sigma\rho}\right) C^{\rho,\nu\sigma} \qquad (1.20\text{b})$$

を満たし，曲率と捩率が共存するときは，必ずしも共変発散なしとはならない。

ベクトルの平行移動が経路に依存することは，二つの共変微分の交換関係として表され，

$$[\nabla_{\mu}, \nabla_{\nu}] A_{\sigma} = -R^{\rho}{}_{\sigma,\mu\nu} A_{\rho} + C^{\lambda}{}_{,\mu\nu} \nabla_{\lambda} A_{\sigma} \qquad (1.21)$$

という関係が成り立つ。

アインシュタイン方程式　アインシュタインの重力場の方程式は，次のラグランジァンから変分原理によって導かれる：

$$\mathscr{L} = \mathscr{L}_{\mathrm{G}} + \mathscr{L}_{\mathrm{m}} \qquad (1.22\text{a})$$

$$\mathscr{L}_{G} = \sqrt{-g}\,\frac{1}{2\varkappa^{2}} R = \sqrt{-g}\,\frac{1}{16\pi G} R \qquad (1.22\text{b})$$

この $\mathscr{L}_{\mathrm{G}}$ は，アインシュタイン・ヒルベルトのラグランジァンと呼ばれ，また $\mathscr{L}_{\mathrm{m}}$ は物質のラグランジァンである。例として，マクスウェル場，およびスカラー場に対する $\mathscr{L}_{\mathrm{m}}$ を与えておく：

$$\mathscr{L}_{\mathrm{em}} = \sqrt{-g}\left(-\frac{1}{4} g^{\mu\rho} g^{\nu\sigma} F_{\mu\nu} F_{\rho\sigma}\right) \qquad (1.23\text{a})$$

---

*）具体例を挙げると　$R^{\tau}{}_{[\sigma,\mu\nu]} = \frac{1}{3!}(R^{\tau}{}_{\sigma,\mu\nu} + R^{\tau}{}_{\mu,\nu\sigma} + R^{\tau}{}_{\nu,\sigma\mu} - R^{\tau}{}_{\nu,\mu\sigma} - R^{\tau}{}_{\mu,\sigma\nu} - R^{\tau}{}_{\sigma,\nu\mu})$

$\nabla_{\underline{\lambda}} R^{\tau}{}_{\sigma,\underline{\mu\nu}} = \frac{1}{3!}(\nabla_{\lambda} R^{\tau}{}_{\sigma,\mu\nu} + \nabla_{\mu} R^{\tau}{}_{\sigma,\nu\lambda} + \cdots)$

$$\mathscr{L}_\phi = \sqrt{-g}\left(-\frac{1}{2}g^{\mu\nu}\partial_\mu\phi\partial_\nu\phi - \frac{1}{2}m^2\phi^2\right) \tag{1.23b}$$

計量に関するオイラー微分は

$$\frac{\delta\mathscr{L}_{\mathrm{G}}}{\delta g_{\mu\nu}} = -\sqrt{-g}\frac{1}{2\chi^2}G^{(\mu\nu)} \tag{1.24a}$$

$$\frac{\delta\mathscr{L}_{\mathrm{G}}}{\delta g^{\mu\nu}} = \sqrt{-g}\frac{1}{2\chi^2}G_{(\mu\nu)} \tag{1.24b}$$

$$\frac{\delta\mathscr{L}_{\mathrm{m}}}{\delta g_{\mu\nu}} = \frac{1}{2}\sqrt{-g}\,T^{(\mu\nu)} \tag{1.25a}$$

$$\frac{\delta\mathscr{L}_{\mathrm{m}}}{\delta g^{\mu\nu}} = -\frac{1}{2}\sqrt{-g}\,T_{(\mu\nu)} \tag{1.25b}$$

となる。これらの式の左辺は，明らかに $\mu\nu$ について対称であるから，右辺に現れるのも，それぞれの量の対称部分のみである。

(24) を計算するときには，部分積分を行って

$$\sqrt{-g}\,\mathrm{R} \overset{\nabla}{=} -\sqrt{-g}\;g^{\mu\nu}(\Gamma_\lambda \Gamma^\lambda{}_{\mu\nu} - \Gamma^\rho{}_{\lambda\nu}\Gamma^\lambda{}_{\rho\mu}) \tag{1.26}$$

としておいてから変分するのが便利である*)。

(24),(25) は，アインシュタイン方程式

$$G_{(\mu\nu)} = \chi^2 T_{(\mu\nu)} \tag{1.27}$$

を与える。実際には，この方程式は，$\mu\nu$ の反対称部分まで含めて成り立つことが3節で示される。また，スピンを持つ場のエネルギー・運動量テンソルの $\mu\nu$ 反対称部分については，4節で議論される。(25)は，エネルギー・運動量テンソルの対称部分を定義する式とみなされる。(23)で挙げた例については

$$T^{(\mathrm{em})}{}_{(\mu\nu)} = F_{\mu\sigma}F_\nu{}^\sigma - \frac{1}{4}\,g_{\mu\nu}F_{\rho\sigma}F^{\rho\sigma} \tag{1.28b}$$

$$T^{(\phi)}{}_{(\mu\nu)} = \partial_\mu\phi\partial_\nu\phi + g_{\mu\nu}(-\frac{1}{2}\,g^{\rho\sigma}\partial_\rho\phi\partial_\sigma\phi - \frac{1}{2}m^2\phi^2) \tag{1.28b}$$

となる。もちろん，スカラー場に対しては，反対称部分は存在しない。

重力定数　普遍定数である $c=2.998\times10^8\mathrm{m}\cdot s^{-1}$ と $\hbar=1.055\times10^{-34}\mathrm{J}\cdot\mathrm{s}$ を使うと $G/c\hbar$ は (質量)$^{-2}$ の次元を持つことがわかる。そこで

$$G/c\hbar = M_{\mathrm{Pl}}{}^{-2} \tag{1.29a}$$

とおいて，M_{Pl} をプランク質量と呼ぶ。またこの質量に対するコンプトン波長を

---

*）＝の上の ▽ は，発散 $\partial_\mu S^\mu$ を別にして成り立つ等式であることを示す。

$$r_{\rm Pl}=\hbar/(M_{\rm Pl}c) \tag{1.29b}$$

と書いて，プランクの長さと呼ぶ。ニュートン定数 G の値として $G=6.673\times 10^{-11}\mathrm{m^3\cdot kg^{-1}\cdot s^{-2}}$ を使うと，$M_{\rm Pl}=2.181\times10^{-8}\mathrm{kg}$ となるが，エネルギーの単位として $1\mathrm{GeV}=10^9\mathrm{eV}=1.602\times10^{-10}\mathrm{J}$ を用いて，

$$M_{\rm Pl}=1.223\times10^{19}\mathrm{GeV}/c^2 \tag{1.29c}$$

と表すのが便利である。核子の質量 $m_{\rm N}$ は大体 $0.94\mathrm{GeV}/c^2$ であるから，$M_{\rm Pl}=1.30\times10^{19}m_{\rm N}$ である。また

$$r_{\rm Pl}=1.614\times10^{-33}\mathrm{cm} \tag{1.29d}$$

となる。

$c=\hbar=1$ とする自然単位系をとると(29a)により，質量 m_1, m_2 の質点間の万有引力のポテンシャルは

$$V=-\frac{m_1m_2}{M_{\rm Pl}{}^2}\,\frac{1}{r} \tag{1.30a}$$

という形に書かれ，$1/r$ の係数は「無次元」となる。これは，やはり自然単位系におけるクーロンポテンシャル

$$V_c=\frac{q_1q_2}{4\pi}\,\frac{1}{r} \tag{1.30b}$$

と同じ形である。電荷として素電荷 $(1.602\times10^{-19}$ クーロン$)$をとると，$e^2/4\pi(=e^2/4\pi\varepsilon_0c\hbar)\fallingdotseq 1/137$ である(MKSA 単位では $4\pi c^2\varepsilon_0=10^7$)。これに対して，もし核子間の万有引力を考えると，(30a)における係数は $(m_{\rm N}/M_{\rm Pl})^2\sim10^{-39}$ であり，素粒子間の重力は電磁力に比べて約 37 桁も弱いことがわかる。この弱さは，プランク質量の大きさからくると考えることができる。一方，もしプランク質量の素粒子が存在するとすれば(30a)の係数は 1 となり，電磁力よりむしろ強くなる。プランク質量とは，その間の重力が十分強くなるような質量である，ということができる。

また，プランク質量にともなうシュワルツシルト半径 $2GM_{\rm Pl}/c^2$ は，(29) によって $2\hbar/(M_{\rm Pl}c)=2r_{\rm Pl}$ となる。すなわち，シュワルツシルト半径～コンプトン波長となるのがプランク質量である，ということができる。なお，$GM_{\rm Pl}{}^2/r_{\rm Pl}=M_{\rm Pl}c^2$ という関係も示唆的であろう。

さらにアインシュタイン定数 $\varkappa$ について $\varkappa/\sqrt{\hbar c}=M_{\rm E}{}^{-1}$ と書いて，仮に，$M_{\rm E}$ をアインシュタイン質量と呼ぶことにしよう。(29c) より

$$M_{\rm E}=M_{\rm Pl}/\sqrt{8\pi}=0.244\times10^{19}\mathrm{GeV}/c^2 \tag{1.31a}$$

である。これに対応する長さは

$$r_{\mathrm{E}}=\hbar/(M_{\mathrm{E}}c)=8.091\times10^{-33}\ \mathrm{cm} \tag{1.31b}$$

である。$c=\hbar=1$ とし，さらにアインシュタイン質量を質量の単位にえらぶならば，$\varkappa=1$ となり，(22b) のアインシュタイン・ヒルベルトのラグランジァンは

$$\mathscr{L}_{\mathrm{G}}=\sqrt{-g}(1/2)R \tag{1.32}$$

という簡単な形に書くことができる。

2節　局所ロレンツ変換と四脚場

前節の例でみたように，スカラー場やベクトル場，つまりボーズ場の理論は，計量を使って一般共変化が可能である。それは，これらの場が，一般座標変換にたいしてもやはりスカラーやベクトルとして変換するからであった。しかし，半整数スピンをもつフェルミオンの場はスピノルで記述される。このスピノルは，一般座標変換の既約表現ではない。一般座標変換に対する変換則が与えられていないものから，一般座標変換に対して共変，または不変なものを作ることはできない。

前にも述べたとおり，スピノルは，ロレンツ変換の既約表現のひとつである。つまり，平らなミンコフスキー時空において成り立つ概念なのである。これを直接，曲がった時空に拡張することはできない。そこで，時空の各点における接空間である局所ロレンツ系においてスピノルを定義しておき，接空間と，曲がった時空とを結び付ける四脚場と呼ばれる量を使って曲がった時空の理論を作る，という方法をとる。接空間は，等価原理を記述するための局所無重力系であること，スピノル，あるいは，そもそもスピンというものは，元来重力が無視できる微視的な世界において導入された概念であることを想起すると，上記の行き方は，大変理にかなったものであるといえよう。

四脚場　スピノルの双一次形式が一般にはテンソルを与えることから，スピノルは，テンソルの平方根のようなものと考えられる。これと同じように，四脚場は計量テンソルの平方根とみなされるものである。逆にいえば，計量は四脚場の双一次形式として表される。もう少し具体的に説明しよう。

まず接空間を考える。このミンコフスキー時空の中のベクトルの添字を，$i,j(=0,1,2,3)$ などのラテン文字を使って表す。ミンコフスキー計量は

$$\eta_{ij}=\mathrm{diag}(-+++) \tag{2.1}$$

で与えられる。この添字と，時空座標の添字（ギリシャ文字 μ,ν などで表す）とを共に持つ「あいのこの場」を考え $b^i{}_\mu$ と書くことにする。これは，局所ロレンツ変換にたいしては反変ベクトルとして変換し，一方，一般座標変換に対しては共変ベクトルのように変換するものと考える。添字 i は，(1) を使って下げることが出来る（3ページの脚注参照）。したがって

$$b_{i\mu} = \eta_{ij} b^j{}_\mu \tag{2.2}$$

は，局所ロレンツ変換に対して，共変ベクトルとして変換する。(2) と (3) から $b^i{}_\mu b_{i\nu}$ という積を作ると，これは局所ロレンツ変換に対してはスカラー，一般座標変換に対しては，対称共変２階テンソルとしてふるまう。これが，ちょうど計量 $g_{\mu\nu}$ となるような $b^i{}_\mu$ を四脚場と称するのである。すなわち

$$g_{\mu\nu} = b^i{}_\mu b_{i\nu} = \eta_{ij} b^i{}_\mu b^j{}_\nu \tag{2.3}$$

(2) の添字 μ を，$g^{\mu\nu}$ を使って上げてみる。それを

$$b_i{}^\mu = g^{\mu\nu} b_{i\nu} \tag{2.4}$$

と書こう。これもやはりあいのこで，一般座標変換に対しては反変ベクトルであることがわかる。局所ロレンツ変換に対しては共変ベクトルであるが，η_{ij} によって，反変ベクトル $b^{i\mu}$ を作ることもできる。これを使って $b^{i\mu} b_i{}^\nu$ という積を作ってみる。

$$\begin{aligned} b^{i\mu} b_i{}^\nu &= g^{\mu\rho} b^i{}_\rho g^{\nu\sigma} b_{i\sigma} \\ &= g^{\mu\rho} g_{\rho\sigma}\, g^{\nu\sigma} = g^{\mu\rho} \delta^\nu_\rho = g^{\mu\nu} \end{aligned} \tag{2.5}$$

これは，(3) と類似な関係である。

また

$$b^i{}_\mu b_i{}^\nu = b^i{}_\mu g^{\nu\lambda} b_{i\lambda} = g_{\mu\lambda} g^{\lambda\nu} = \delta^\nu_\mu \tag{2.6}$$

が導かれる。さらに

$$\delta^\mu_\lambda = g^{\mu\nu} g_{\nu\lambda} = b_i{}^\mu b^{i\nu} b_{j\nu} b^j{}_\lambda \tag{2.7a}$$

となるが，これが，(6) に従って $b_i{}^\mu b^i{}_\lambda$ に等しくなるためには，

$$b^{i\nu} b_{j\nu} = \delta^i_j \tag{2.7b}$$

$$= b^i{}_\nu b_j{}^\nu \tag{2.7c}$$

となっていなければならない。$b_i{}^\mu$ は $b^i{}_\mu$ に対して (6) と (7b) の二つの意味で逆行列なのである。

まとめると

$$b^i{}_\mu b_{i\nu} = g_{\mu\nu}, \quad b_i{}^\mu b^{i\nu} = g^{\mu\nu} \tag{2.8a,b}$$

$$b^i{}_\mu b_i{}^\nu = \delta^\nu_\mu \tag{2.8c}$$

$$b_{i\mu}b_j{}^\mu = \eta_{ij}, \quad b^i{}_\mu b^{j\mu} = \eta^{ij} \tag{2.8d,e}$$

$$b^i{}_\mu b_j{}^\mu = \delta^i_j \tag{2,8f}$$

となる。特に (8a),(8b) は，四脚場が計量よりもさらに基本的な量であることを示している。

実用的な立場からは，(8) さえ受け入れれば，これから後の結果はすべて導けるのであるが，四脚場には，それ自身の幾何学的な意味がある。すなわち，$b^i{}_\mu$ は，時空点における接空間を張る四つの接線ベクトル b^i の μ 成分にほかならない。実際，カルタンは，この方法によって微分幾何学の基礎を作ったのであり，たとえ半整数スピンの場を考えないとしても，四脚場は自然な出発点となるのである。この点については，付録 A で簡単にふれておいた。またこの節で述べることは，特に 4 次元に限られるわけではない。D 次元への拡張は，単に添字の範囲を 0 から $D-1$ にするだけで十分である。しかし，しばらくは $D=4$ として，話を進めよう。$D=2$ のとき $b^i{}_\mu$ は二脚場と呼ばれるが，一般の D に対しては，多脚場（vielbein）という名称が用いられる。

(8a) から

$$\begin{aligned}\det(g_{\mu\nu}) &= \det(\eta_{ij})\det(b^i{}_\mu)\det(b^j{}_\nu)\\ &= -[\det(b^i{}_\mu)]^2\end{aligned} \tag{2.9a}$$

が導かれる。したがって

$$g = \det(g_{\mu\nu}),\ b = \det(b^i{}_\mu) \tag{2.9b}$$

と書くとき

$$\sqrt{-g} = b \tag{2.9c}$$

である。

局所ロレンツ変換　さて，局所ロレンツ系の中で，スピノル場 ψ を考える。4 次元「回転」は 6 個のパラメター $\varepsilon^{ij} = -\varepsilon^{ji}$ で表されるが，それに対して 4 成分を持つスピノルは

$$\psi \longrightarrow \psi + \delta\psi, \quad \delta\psi = \frac{1}{4}\varepsilon^{ij}\gamma_{ij}\psi \tag{2.10a}$$

のように変換される。ここで

$$\gamma_{ij} = \gamma_{[i}\gamma_{j]} = \frac{1}{2}[\gamma_i, \gamma_j] \tag{2.10b}$$

また γ_i はクリフォード代数

$$\{\gamma_i,\gamma_j\}=2\eta_{ij} \tag{2.10c}$$

に従う 4×4 のディラック行列である。$\eta_{ij}=\mathrm{diag}(-+++)$ であるから，γ_0 は純反エルミート，その他の γ_i は純エルミート行列である。ε_{ij} は，元来，座標軸の回転を表すパラメターであるから，ミンコフスキー時空における 4 次元ベクトル場 A_i も，このパラメターによって変換される：

$$\delta A_i=\varepsilon_{ij}A^j \tag{2.11}$$

ここで，A_i は一般座標変換に対しては ϕ と同様，スカラーであることに注意しておこう。

また当然のことながら，4 次元スカラー ϕ はロレンツ変換を受けない：

$$\delta\phi=0 \tag{2.12}$$

(10a),(11),(12) は，次のスピン行列 S_{ij} を導入することによって，統一的に表される：

$$\delta\Phi=\frac{1}{2}\varepsilon^{ij}S_{ij}\Phi \tag{2.13a}$$

ここで，Φ は ϕ,ψ,A_i のいずれかを表し，また

$$S_{ij}\phi=0 \tag{2.13b}$$

$$S_{ij}\psi=\frac{1}{2}\gamma_{ij}\psi \tag{2.13c}$$

$$\begin{aligned}(S_{ij}A)_k&=(S_{ij})_{kl}\,A^l\\&=(\eta_{ik}\eta_{jl}-\eta_{il}\eta_{jk})A^l=\eta_{ik}A_j-\eta_{jk}A_i\end{aligned} \tag{2.13d}$$

と与えられる。S_{ij} は交換関係

$$[S_{ij},S_{kl}]=-4\eta_{\lfloor ik}S_{\lceil jl\rceil\rfloor} \tag{2.14}$$

を満すことが確かめられる*)。これは，それぞれの S_{ij} がロレンツ変換の表現行列であることを示している。

スピン接続　もし，ε^{ij} が時空点に依存しない「大域的」な変換を表すものならば，Φ の微分 $\partial_\mu\Phi$ も，(13a) と同じ変換を受けるであろう：

---

*)　念のため右辺を詳しく書くと
$-\eta_{ik}S_{jl}+\eta_{jk}S_{il}+\eta_{il}S_{jk}-\eta_{jl}S_{ik}$

$$\delta(\partial_\mu \Phi)=\partial_\mu(\delta\Phi)=\frac{1}{2}\varepsilon^{ij}S_{ij}\partial_\mu\Phi \tag{2.15a}$$

(今は座標変換は考えていないので，δ と ∂_μ とは可換である。)しかし，局所ロレンツ系は，時空の各点に設けられた接空間である。したがって，ロレンツ変換も各時空点ごとに独立に行われるものと考えたいところである。すなわち，ε^{ij} は，座標 x の任意の関数であって当然である。しかし，そうすれば(15a)はもはや成り立たず，

$$\partial_\mu(\delta\Phi)=\frac{1}{2}\varepsilon^{ij}S_{ij}\partial_\mu\Phi+\frac{1}{2}(\partial_\mu\varepsilon^{ij})S_{ij}\Phi \tag{2.15b}$$

となってしまう。これは，微分 ∂_μ は局所ロレンツ変換に対して既約表現としてはふるまわないことをしめす。ところが，どんなラグランジャンの中にも，微分が登場するのであるから，x に依存するような ε^{ij}——これを局所ロレンツ変換と呼ぼう——に対して不変な理論は作れないことになるのであろうか。ロレンツ変換は，大域的なものだけに制限すべきであろうか。

しかし，ある場の微分が，微分のないものと同様にすっきりした変換性を示さないという例は，リーマン幾何学で既におなじみであったことを思い出してみよう。そのようになった原因は，曲がった空間では，ベクトルやテンソルの成分を決める基底が，場所ごとに異なったものになっているからであった。さらに，その際には，接続場を導入し，共変微分を定義することによって，すっきりとテンソルの変換性を示す量をつくることができたのであった。この事にならえば，いまの場合も，新しい接続場を導入して，新しい共変微分をつくればよいことが示唆される。実際，それは，次式によって与えられる：

$$D_\mu\Phi=\partial_\mu\Phi+\frac{1}{2}\omega^{ij}{}_{,\mu}S_{ij}\Phi \tag{2.16a}$$

ここで $\omega^{ij}{}_{,\mu}$ が問題の接続場であり，「スピン接続」と呼ばれる。これは当然

$$\omega^{ij}{}_{,\mu}=-\omega^{ji}{}_{,\mu} \tag{2.16b}$$

をみたす。

また，無限小局所ロレンツ変換に対して

$$\omega^{ij}{}_{,\mu}\longrightarrow\omega^{ij}{}_{,\mu}+\delta\omega^{ij}{}_{,\mu}$$
$$\delta\omega^{ij}{}_{,\mu}=\varepsilon^{i}{}_{k}\omega^{kj}{}_{,\mu}+\varepsilon^{j}{}_{k}\omega^{ik}{}_{,\mu}-\partial_\mu\varepsilon^{ij} \tag{2.16c}$$

のように変換するものとする。第2の式の始めの2項は，$\omega^{ij}{}_{,\mu}$ が，大域的ロレンツ変換に対して2階反対称テンソルとして変換することを示し，最後の項 $\partial_\mu\varepsilon^{ij}$ が非

済次の項である。これにより，(16a)の第2項は

$$\delta\left(\frac{1}{2}\omega^{ij}{}_{,\mu}\ S_{ij}\Phi\right)=\frac{1}{2}[(\delta\omega^{ij}{}_{,\mu})S_{ij}\Phi+\omega^{ij}{}_{,\mu}\ S_{ij}(\delta\Phi)]$$

$$=\frac{1}{2}(\varepsilon^{i}{}_{k}\omega^{kj}{}_{,\mu}\ +\varepsilon^{j}{}_{k}\omega^{ik}{}_{,\mu})S_{ij}\Phi$$

$$+\frac{1}{4}\omega^{ij}{}_{,\mu}S_{ij}\varepsilon^{kl}S_{kl}\Phi-\frac{1}{2}(\partial_\mu\varepsilon^{ij})S_{ij}\Phi \qquad (2.16\text{d})$$

となる。この最後の項は，(15b)の第2項をちょうど打ち消す。また(16d)の最後の式の始めの2項は，$S^{ij}=-S^{ji}$ を考慮すれば

$$\varepsilon^{i}{}_{k}\omega^{kj}{}_{,\mu}S_{ij}\Phi \qquad (2.16\text{e})$$

に等しい。さらに同じ式の第3項は

$$\frac{1}{4}\omega^{ij}{}_{,\mu}\varepsilon_{kl}([S_{ij},\ S^{kl}]+S^{kl}S_{ij})\Phi$$

$$=-\omega^{ij}{}_{,\mu}\varepsilon_{kl}\delta^{[k}{}_{[i}S_{j]}{}^{l]}\Phi+\frac{1}{4}\varepsilon_{kl}S^{kl}\omega^{ij}{}_{,\mu}S_{ij}\Phi \qquad (2.16\text{f})$$

$$=-\varepsilon_{kl}\omega^{kj}{}_{,\mu}S_{j}{}^{l}\Phi+\frac{1}{2}\varepsilon^{ij}S_{ij}\frac{1}{2}\omega^{kl}{}_{,\mu}S_{kl}\Phi$$

となる。ここで(14)を使った。この第1項は(16e)を打ち消す。(15b), (16d), (16f)から結局

$$\delta(D_\mu\Phi)=\frac{1}{2}\varepsilon^{ij}S_{ij}\left(\partial_\mu\Phi+\frac{1}{2}\omega^{kl}{}_{,\mu}S_{kl}\Phi\right)$$

$$=\frac{1}{2}\varepsilon^{ij}S_{ij}D_\mu\Phi \qquad (2,17)$$

が得られ，共変微分 $D_\mu\Phi$ は，任意の関数 $\varepsilon^{ij}(x)$ に対して，$\Phi(x)$ と同じ変換性を示すことがわかったのである。すなわち，局所ロレンツ変換に対して不変な理論を作る基礎ができたことになる。

なお，(16c)は，ヤン・ミルズ場に対するゲージ変換とまったく同じ形をしていることに注目したい。最後の項 $-\partial_\mu\varepsilon^{ij}$ が，ゲージ変換特有の項である。このことについてはあとでまたふれる。

四脚場仮説　さて上で導入した D_μ は局所ロレンツ変換に関する共変微分であって，前節で考えた一般座標変換に関する共変微分 ∇_μ とは別のものであった。しかし，両者は無関係ではない。このことを理解するために，Φ として $b_{k\mu}$ をえらび，(16a)を適用してみよう。$b_{k\mu}$ は局所ロレンツ変換にたいしては共変ベクトルであるから

(13d) が適用され，

$$D_\mu b_{k\nu}=\partial_\mu b_{k\nu}+\omega_{kj,\mu}b^j{}_\nu \tag{2.18a}$$

となる。添字 ν は放置されたままである。しかし，ここで考慮した平行移動は，局所ロレンツ系での座標軸が時空点ごとに異なることから生ずるものだけであった。一方，$b_{k\nu}$ は，一般座標に対しても共変ベクトルのようにふるまうのであるから，時空が曲がっていることから生ずる平行移動についても考慮すべきである。その効果は (1.4a) によって表されるであろう。そこで，$b_{k\nu}$ に対する「全共変微分」を

$$\begin{aligned}\mathscr{D}_\mu b_{k\nu}&=\partial_\mu b_{k\nu}+\omega_{kj,\mu}b^j{}_\nu-\Gamma^\lambda{}_{\nu\mu}b_{k\lambda}\\&=D_\mu b_{k\nu}-\Gamma^\lambda{}_{\nu\mu}b_{k\lambda}\end{aligned} \tag{2.18b}$$

によって定義する。

同様の議論を $b^k{}_\nu$ にたいしても行うことができ，

$$D_\mu b^k{}_\nu=\partial_\mu b^k{}_\nu+\omega^k{}_{j,\mu}b^j{}_\nu \tag{2.18c}$$

$$\mathscr{D}_\mu b^k{}_\nu=D_\mu b^k{}_\nu-\Gamma^\lambda{}_{\nu\mu}b^k{}_\lambda \tag{2.18d}$$

得る。

ところで，$b^k{}_\mu$ と $b_{k\nu}$ とから，$g_{\mu\nu}$ を作ることができた：

$$g_{\mu\nu}=b_{k\mu}b^k{}_\nu \tag{2.8a}$$

また，これについては計量条件 (1.5) が課されたものであった：

$$\nabla_\rho g_{\mu\nu}=0 \tag{2.19a}$$

積の共変微分についてはライプニッツの規則があてはまるものとすると，(8a) を (19a) に代入したとき

$$\begin{aligned}0&=\mathscr{D}_\rho g_{\mu\nu}\\&=(\mathscr{D}_\rho b_{k\mu})b^k{}_\nu+b_{k\mu}(\mathscr{D}_\rho b^k{}_\nu)\end{aligned} \tag{2.19b}$$

となる。これをみたす最も自然な方法は

$$\mathscr{D}_\rho b_{k\nu}=\mathscr{D}_\rho b^k{}_\nu=0 \tag{2.20}$$

を課すことである。これを「四脚場仮説」と呼び，四脚場のみたすべき，最も基本的な条件とされている。(18b), (18d) を (20) に代入することにより

$$D_\mu b_{k\nu}=\Gamma^\lambda{}_{\nu\mu}b_{k\lambda} \tag{2.21a}$$

$$D_\mu b^k{}_\nu=\Gamma^\lambda{}_{\nu\mu}b^k{}_\lambda \tag{2.21b}$$

を得る。あるいは，それぞれ $b^{k\rho}$, $b_k{}^\rho$ をかけ，(8c) を利用することにより

$$\Gamma^\rho{}_{\nu\mu}=b^{k\rho}(D_\mu b_{k\nu})=b_k{}^\rho(D_\mu b^k{}_\nu) \tag{2.21c}$$

と書くこともできる。このようにして，アファイン接続を四脚場の局所ロレンツ共

変微分で表すことができた。この式の右辺が $\mu\nu$ について必ずしも対称でないことは明らかである。これは，捩率が存在しうることを示す。

(21c)の両辺に $b^i{}_\rho$ をかけ，捩率の定義(1.9a)を参照すると，

$$C^\lambda{}_{,\mu\nu}=b_i{}^\lambda C^i{}_{,\mu\nu} \tag{2.22a}$$

$$C^i{}_{,\mu\nu}=-2D_{[\mu}b^i{}_{\nu]} \tag{2.22b}$$

を得る。この形から，$C^i{}_{,\mu\nu}$ は，「i 軸方向の並進変換」のゲージ場の強さと解釈することができる。また $C^\lambda{}_{,\mu\nu}$，したがって $C^i{}_{,\mu\nu}$ はテンソルであることをおもいだしておこう。すなわち，一般座標変換に対して，$\Gamma^\lambda{}_{\mu\nu}$ の反対称部分はテンソルであることが，リーマン幾何学から，既に知られていたのであるが，(22)は，捩率が局所ローレンツ変換に対してもテンソルとして変換することを示している。

また，(21c)の関係を逆四脚場 $b_k{}^\nu$ を用いて書き直すこともできる。

$$\mathscr{D}_\rho b_k{}^\nu=D_\rho b_k{}^\nu+\Gamma^\nu{}_{\lambda\rho}b_k{}^\lambda=0 \tag{2.23a}$$

$$\Gamma^\nu{}_{\lambda\rho}=-b^k{}_\lambda(D_\rho b_k{}^\nu) \tag{2.23b}$$

が成り立つことは，すぐに確かめられる。

局所ローレンツ変換と一般座標変換　(20)，あるいはその帰結である(21c)，(23b)によって，いろいろな計算が大変簡単になる。その例をひとつ調べてみよう。

Φ として局所ローレンツベクトル V_i を考える。これに $b^i{}_\mu$ をかけたものは，明らかに一般座標変換に対して共変ベクトルとしてふるまうから，V_μ と記してみる：

$$V_\mu=b^i{}_\mu V_i \tag{2.24a}$$

それに全共変換微分 $\mathscr{D}_\nu$ をかけると

$$\begin{aligned}\mathscr{D}_\nu V_\mu&=\nabla_\nu V_\mu=\mathscr{D}_\nu(b^i{}_\mu V_i)\\&=(\mathscr{D}_\nu b^i{}_\mu)V_i+b^i{}_\mu(\mathscr{D}_\nu V_i)\end{aligned} \tag{2.24b}$$

となる。この最後の式の右辺第一項は(20)によりゼロである。第2項においては，V_i は一般座標変換に対するスカラーであるので，$\mathscr{D}_\nu$ は局所ローレンツ変換のみに対する共変微分 D_ν になってしまう：

$$\mathscr{D}_\nu V_i=D_\nu V_i=\partial_\nu V_i+\omega_{ij,\nu}V^j \tag{2.24c}$$

ここで(24a)の逆関係

$$V_i=b_i{}^\lambda V_\lambda \tag{2.24d}$$

を使って，(24c)の右辺の V_i，V^j を書き直す。まず

$$\partial_\nu V_i=\partial_\nu(b_i{}^\lambda V_\lambda)=(\partial_\nu b_i{}^\lambda)V_\lambda+b_i{}^\lambda(\partial_\nu V_\lambda) \tag{2.24e}$$

$\omega_{ij,\mu}V^j$ の方は簡単で，結局

$$\mathscr{D}_\nu V_i = b_i{}^\lambda \partial_\nu V_\lambda + (\partial_\nu b_i{}^\lambda + \omega_{ij,\nu}\, b^{j\lambda}) V_\lambda \tag{2.24f}$$

この式の（　）の中は，(18a) と同様な関係式により

$$(D_\nu b_i{}^\lambda) V_\lambda = -b_i{}^\rho \Gamma^\lambda{}_{\rho\nu} V_\lambda \tag{2.24g}$$

になる。ここで (23b)を使った。結局 (24b) は

$$\begin{aligned}\nabla_\nu V_\mu &= b^i{}_\mu b_i{}^\lambda (\partial_\nu V_\lambda - \Gamma^\rho{}_{\lambda\nu} V_\rho)\\ &= \partial_\nu V_\mu - \Gamma^\rho{}_{\mu\nu} V_\rho\end{aligned} \tag{2.24h}$$

となり，普通の定義 (1.4a) が再現された。これは，(24a) のように四脚場によって，局所ロレンツ系の添字を，一般座標変換の添字にとりかえること，またはその逆が，矛盾を含まない操作であることを示している。これが，添字の上下や，数にかかわらず，どんな場合でも成り立つことは，容易に推察されよう。

リッチ回転係数　さて，(21c), (23b) によって，アファイン接続 $\Gamma^\rho{}_{\mu\nu}$ と，$D_\mu b^k{}_\nu$, したがってスピン接続 $\omega^{ij}{}_{,\mu}$ の関係がつけられているが，Γ を計量，その微分と捩率によって表した (1.12a) や (1.10) のように，ω を b で表す式はまだ得られていない。これを求めよう。(21a) に (18c) を代入して

$$\Gamma^\lambda{}_{\nu\mu} b^k{}_\lambda = \partial_\mu b^k{}_\lambda + \omega^{kl}{}_{,\mu} b_{l\nu} \tag{2.25a}$$

これを移項し，適当に逆四脚場をかけると

$$\omega_{ki,j} = b_j{}^\mu b_i{}^\nu \Gamma^\lambda{}_{\nu\mu} b_{k\lambda} - b_i{}^\nu b_j{}^\mu \partial_\mu b_{k\nu} \tag{2.25b}$$

を得る。ここで

$$\omega_{ki,j} \equiv b_j{}^\mu \omega_{ki,\mu} \tag{2.25c}$$

とおいた。(25b) で i と j を入れ換えたものを (25b) から引くと

$$\omega_{ki,j} - \omega_{kj,i} = b_j{}^\mu b_i{}^\nu [C_{k,\nu\mu} - (\partial_\mu b_{k\nu} - \partial_\nu b_{k\mu})] \tag{2.25d}$$

が得られる。ここで，「リッチの回転係数」と呼ばれる量

$$\Delta_{k,ij} = -\Delta_{k,ji} = (b_i{}^\mu b_j{}^\nu - b_j{}^\mu b_i{}^\nu)\partial_\nu b_{k\mu} \tag{2.26a}$$

$$= -b_{k\mu}(b_j{}^\nu \partial_\nu b_i{}^\mu - b_i{}^\nu \partial_\nu b_j{}^\mu) \tag{2.26b}$$

を導入すると (25d) は［問題 2 - 1 ：(26a) から (26b) を導け］

$$\Delta_{k,ij} = -(\omega_{ki,j} - \omega_{kj,i}) + C_{k,ij} \tag{2.27a}$$

となる。ijk をサイクリックに入れ換えたものを二つ作り，

$$\Delta_{i,jk} = -\omega_{ij,k} + \omega_{ik,j} + C_{i,jk} \tag{2.27b}$$

$$\Delta_{j,ki} = -\omega_{jk,i} + \omega_{ji,k} + C_{j,ki} \tag{2.27c}$$

(27a)−(27b)−(27c) を作ると，右辺の ω のうち，$\omega_{ij,k}$ のみが残り，整理すると

$$\omega_{ij,k}=\frac{1}{2}(\varDelta_{k,ij}-\varDelta_{i,jk}+\varDelta_{j,ik})+K_{ij,k} \tag{2.28a}$$

が得られる。ここで $K_{ij,k}$ は (1.12b) で与えたコントーション $K^{\sigma}{}_{\mu,\nu}$ の局所ロレンツ系への射影である：

$$\begin{aligned} K_{ij,k} &= b_{i\sigma}b_j{}^{\mu}b_k{}^{\nu}K^{\sigma}{}_{\mu,\nu} \\ &= \frac{1}{2}(-C_{k,ij}+C_{i,jk}-C_{j,ik}) \end{aligned} \tag{2.28b}$$

(28) を導く方法が，(1.6) で使ったそれとそっくり同じであることに注意されたい。

1節の計量に基づく理論では，計量とその微分によって与えられるのはクリストフェルの記号，つまり $\Gamma^{\lambda}{}_{\mu\nu}$ の対称部分のみであり，反対称部分，つまり捩率は計量からは導かれない，何か別のものとして残されていた。もちろん，ゼロにすることもできたのである。これに対して，四脚場に基づく理論では，捩率は (22) により，四脚場によって与えられる。この意味で，四脚場に基づく理論の方が，より詳しい理論であるということができよう。これは，計量は，四脚場の持つ自由度の中から，局所ロレンツ変換に関するものを消去したものであることから，当然期待されることである。しかし，もっとよく考えてみると，(22b) の右辺にはスピン接続 $\omega^{ij}{}_{,\mu}$ が含まれており，これを与えることなくして捩率を求めることはできない。その ω は，(28) によれば，$C^{\lambda}{}_{,\mu\nu}$ によって与えられるものである。この意味では，四脚場に基づく理論の優位性は形式的なものにとどまっている。結局，捩率をどこかで与えてやらなくては完結した理論とはならない。あとでみるように，捩率の真の起源は，素粒子のスピンか，または高階微分方程式に従う重力場にある。さらに詳しくいうと，後者の場合にのみ，捩率が力学的に独立した自由度をもつことがわかる。

局所ロレンツ変換に対する曲率　(16a) で与えられる局所ロレンツ共変微分の交換関係を作ってみよう。(16a)の μ を ν でおきかえた式を書いておき，それに D_μ をかける：

$$\begin{aligned} D_\mu D_\nu \varPhi &= \left(\partial_\mu+\frac{1}{2}\omega^{kl}{}_{,\mu}S_{kl}\right)\left(\partial_\nu+\frac{1}{2}\omega^{ij}{}_{,\nu}S_{ij}\right)\varPhi \\ &= \Big[\partial_\mu\partial_\nu+\frac{1}{2}(\partial_\mu\omega^{ij}{}_{,\nu})S_{ij}+\frac{1}{2}\omega^{ij}{}_{,\nu}S_{ij}\partial_\mu \end{aligned} \tag{2.29a}$$

$$+\frac{1}{2}\omega^{kl}{}_{,\mu}S_{kl}\partial_\nu+\frac{1}{4}\omega^{kl}{}_{,\mu}\omega^{ij}{}_{,\nu}S_{kl}S_{ij}\Big]\Phi$$

μ と ν を入れ換えた式をこれから引く。[　]の第1項，第3項プラス第4項は $\mu\nu$ について対称だから，この引き算によって消える。残りを書くと

$$[D_\mu,D_\nu]\Phi=\left(\partial_{[\mu}\omega^{ij}{}_{,\nu]}\ S_{ij}+\frac{1}{2}\omega^{kl}{}_{,[\mu}\omega^{ij}{}_{,\nu]}S_{kl}S_{ij}\right)\Phi \tag{2.29b}$$

この第2項は，$\mu\nu$ のかわりに，kl と ij の組みを入れかえて引いても同じである：

$$\frac{1}{4}\omega^{kl}{}_{,\mu}\omega^{ij}{}_{,\nu}[S_{kl},S_{ij}]=\omega^{i}{}_{k,[\mu}\omega^{kj}{}_{,\nu]}\ S_{ij} \tag{2.29c}$$

ここで(14)を使った。そこで(29b)を

$$[D_\mu,D_\nu]\Phi=\frac{1}{2}R^{ij}{}_{,\mu\nu}S_{ij}\Phi \tag{2.30a}$$

と書くと

$$R^{ij}{}_{,\mu\nu}=2(\partial_{[\mu}\omega^{ij}{}_{,\nu]}+\omega^{i}{}_{k,[\mu}\omega^{kj}{}_{,\nu]}) \tag{2.30b}$$

である。(30a)は，(1.21)で最後の $C^{\lambda}{}_{,\mu\nu}$ を含む項を除いたものと似たかたちをしている。(30a)の左辺は，リーマン幾何学におけると同様，$\omega^{ij}{}_{,\mu}$ を接続とした平行移動を，別々の経路に沿って行った際の差と解釈できるから，右辺の $R^{ij}{}_{,\mu\nu}$ は，やはり一種の曲率テンソルである。実際，この $R^{ij}{}_{,\mu\nu}$ と，(1.15)の $R^{\rho}{}_{\sigma,\mu\nu}$ は密接に関係している。

ここで，(30b)がヤン・ミルズ理論における場の強さに対する式とそっくり同じであることに，ふたたび注意したい（$SU(2)$ の場合，$F^{i}{}_{\mu\nu}(i=1,2,3)$ と書かれているならば，これを $F^{i}{}_{\mu\nu}=(1/2)\varepsilon^{ijk}F^{jk}{}_{\mu\nu}$ によって書きかえ，F を ω と読みかえれば，(30b)となる)。ヤン・ミルズ理論の場合，添字 i は，局所ロレンツ系ではなく，内部対称性の空間の添字であるが，その場合でも，場の強さには，実は曲率テンソルという幾何学的意味が与えられるのである。また，ポテンシャル $A^{ij}{}_{\mu}$ は接続場にほかならない。素粒子におけるゲージ理論が重力理論と共通の幾何学的背景を持つことは，内山によって初めて明らかにされたが，この認識が，素粒子と重力の統一論の試みに与えた影響は極めて大きい。

(30b)に $b_i{}^{\rho}\ b_{j\sigma}$ をかけたものは $R^{\rho}{}_{\sigma,\mu\nu}$ と書いてもよいであろう：

$$R^{\rho}{}_{\sigma,\mu\nu}\ =b_i{}^{\rho}b_{j\sigma}R^{ij}{}_{,\mu\nu} \tag{2.31}$$

実際，普通のリーマンテンソルの定義(1.15)に(21c)を代入することにより，(31)

の右辺に一致することが確かめられる。[問題2-2：これを示せ] ただし，共変微分の交換関係にかんして，(1.21) と (30a) には，捩率だけの差があることに注意しておこう。

実は，(1.21) と同じように，捩率の現れる共変微分として，

$$D_i\Phi \equiv b_i{}^{\mu} D_{\mu}\Phi \tag{2.32}$$

が存在する。これを二度かけるとき

$$\begin{aligned} D_i D_j \Phi &= b_i{}^{\mu} D_{\mu} b_j{}^{\nu} D_{\nu}\Phi \\ &= b_i{}^{\mu} b_j{}^{\nu} D_{\mu} D_{\nu}\Phi + b_i{}^{\mu}(D_{\mu} b_j{}^{\nu}) D_{\nu}\Phi \end{aligned} \tag{2.33a}$$

となるから

$$[D_i, D_j]\Phi = b_i{}^{\mu} b_j{}^{\nu}\ [D_{\mu}, D_{\nu}]\Phi + 2b^k{}_{\nu}(D_{[i} b_{j]}{}^{\nu}) D_k\Phi \tag{2.33b}$$

を得る。ここで (23b) を使うと

$$D_i b_j{}^{\nu} = b_i{}^{\lambda} D_{\lambda} b_j{}^{\nu} = -b_i{}^{\lambda} b_j{}^{\rho}\Gamma^{\nu}{}_{\rho\lambda} \tag{2.33c}$$

であるから，(22b) を使って

$$2D_{[i} b_{j]}{}^{\nu} = b_i{}^{\rho} b_j{}^{\lambda} C^{\nu}{}_{,\rho\lambda} \equiv C^{\nu}{}_{,ij} \tag{2.33d}$$

となり，したがって (33b) は

$$[D_i, D_j]\Phi = \frac{1}{2} R^{kl}{}_{,ij} S_{kl}\Phi + C^k{}_{,ij} D_k\Phi \tag{2.33e}$$

となる。ここで

$$R^{kl}{}_{,ij} \equiv b_i{}^{\mu} b_j{}^{\nu} R^{kl}{}_{,\mu\nu} = b^k{}_{\rho} b^l{}_{\sigma} b_i{}^{\mu} b_j{}^{\nu} R^{\rho\sigma}{}_{,\mu\nu} \tag{2.34a}$$

$$C^k{}_{,ij} \equiv b^k{}_{\nu} C^{\nu}{}_{,ij} = b^k{}_{\nu} b_i{}^{\rho} b_j{}^{\lambda} C^{\nu}{}_{,\rho\lambda} \tag{2.34b}$$

とした。(33e) の方が，(1.21) とよく似ている。なお，(33d) に $b^i{}_{\rho}\ b^j{}_{\sigma}$ をかけると

$$C^{\nu}{}_{,\rho\sigma} = b^j{}_{\sigma} D_{\rho} b_j{}^{\nu} - b^i{}_{\rho} D_{\sigma} b_i{}^{\nu} \tag{2.35a}$$

を得る。ここで

$$D_{\rho} b_j{}^{\nu} = -b_j{}^{\lambda} b_l{}^{\nu} D_{\rho} b^l{}_{\lambda} \tag{2.35b}$$

という関係を使おう。これは (18a) と (8f) とから直接確かめることができる。これにより (35a) は

$$C^{\nu}{}_{,\rho\sigma} = -b_i{}^{\nu}(D_{\rho} b^i{}_{\sigma} - D_{\sigma} b^i{}_{\rho}) \tag{2.35c}$$

という形にすることもでき，(22) と一致する。

3節　重力場の方程式　(22b)

捩率がない場合の重力場の方程式，つまりアインシュタインの方程式は，アイン

シュタイン・ヒルベルトのラグランジァンから得られた。これは，スカラー曲率という最も単純な構造をもっている。したがって，捩率の有る場合でも，重力場の基本的ラグランジァンは，やはりスカラー曲率で与えられると期待してもよいであろう。その際，第一に問題になるのは，スピン接続がまだ与えられていないということである。これについて見通しを得るために，「1階方式」と呼ばれる方法が役に立つ。これを説明しよう。

1階方式　1階方式は，一般相対論においても既に考えられていたもので，パラティニの方法として知られている。この方法では，Γ を g と ∂g によって*)，つまり(1.10)によってあらかじめ与えておくのではなく，この関係それ自身を場の方程式として導こうというものである。普通の「2階方式」では，ラグランジァン $\mathscr{L}$ を g, ∂g，および $\partial^2 g$ とによって表しておき，部分積分によって g と ∂g とで表しなおしておく。その結果，オイラー方程式は g の2階微分方程式となる。これにたいして，パラティニの方法では，$\mathscr{L}$ を $g, \Gamma, \partial\Gamma$ によって表しておき，g と Γ を二つの独立関数とみなして変分する。g にかんするオイラー方程式はまさに Γ をクリストフェル記号により g と ∂g とで表す(1.10)となる。これを Γ に関するオイラー方程式に代入すると従来のアインシュタイン方程式が得られるのである。この方法を捩率がある一般の場合に拡張する。

(2.31)の関係によると，スカラー曲率は，どちらの理論で計算しても同じになるはずである。そこで(1.32)と同じく

$$\mathscr{L}_{\mathrm{G}} = b\frac{1}{2}R \tag{3.1}$$

を重力場のラグランジァンとして仮定し，これを $g_{\mu\nu}$ ではなく，$b_k{}^\mu$ について変分してみよう。

1階方式では，R を $b_k{}^\mu$ と $\omega^{ij}{}_{,\mu}$ およびその1階微分の関数とみなす：

$$\begin{aligned} R &= b_i{}^\rho b_j{}^\sigma R^{ij}{}_{,\rho\sigma} \\ &= 2b_i{}^\rho b_j{}^\sigma(\partial_{[\rho}\omega^{ij}{}_{,\sigma]} + \omega^i{}_{l,[\mu}\omega^{lj}{}_{,\sigma]}) \end{aligned} \tag{3.2}$$

と書いておいて，これを $b_k{}^\mu$ について変分，すなわち微分する：

---

*)　正確に言うならば，$\Gamma^\lambda{}_{\mu\nu}$ を $g_{\alpha\beta}$，および $\partial_\kappa g_{\rho\sigma}$ によって…，と書くべきであるが，このように簡略化して記すことにする。g が $\det(g_{\mu\nu})$ を意味するものでないことは明らかであろう。

$$\frac{\partial R}{\partial b_k{}^\mu}=4b_j{}^\sigma(\partial_{[\mu}\omega^{kj}{}_{,\sigma]}+\omega^k{}_{l,[\mu}\omega^{lj}{}_{,\sigma]}) \\ =2R^k{}_\mu \tag{3.3a}$$

ここで $R^k{}_\mu$ は，(2.30b) から直接定義される

$$R^k{}_\mu=b_j{}^\nu R^{kj}{}_{,\mu\nu} \tag{3.3b}$$

と一致することがわかる。また

$$\frac{\partial b}{\partial b_k{}^\mu}=-bb^k{}_\mu \tag{3.3c}$$

であるので

$$\frac{\delta\mathscr{L}_\mathrm{G}}{\delta b_k{}^\mu}=bG^k{}_\mu \\ =b\left(R^k{}_\mu-\frac{1}{2}b^k{}_\mu R\right) \tag{3.3d}$$

となることが確かめられる。ここで定義された $G^k{}_\mu$ は，明らかにアインシュタインテンソル $G_{\mu\nu}$ のひとつのギリシア添字をラテン添字におきかえたものである。(1.24b) と比較すると

$$\frac{\delta\mathscr{L}_\mathrm{G}}{\delta g^{\mu\nu}}=\frac{1}{2}b_{k(\nu}\frac{\delta\mathscr{L}_\mathrm{G}}{\delta b_k{}^{\mu)}} \tag{3.3e}$$

なることがわかる。

次に R を $\omega^{ij}{}_{,\mu}$ について変分する。計算は複雑なので問題にまわすが，結果は

$$\frac{\delta\mathscr{L}_\mathrm{G}}{\delta\omega^{ij}{}_{,\mu}}=-b(b_l{}^\mu C^l{}_{,ij}+b_i{}^\mu C_j-b_j{}^\mu C_i) \tag{3.4a}$$

となる。[問題 3 - 1 ：これを示せ] ここで (1.17b) にしたがって $C_i=C^k{}_{,ik}$ とおいた。またこれを

$$\frac{\delta\mathscr{L}_\mathrm{G}}{\delta\omega^{ij}{}_{,\mu}}=-6bb_{[l}{}^\mu b_i{}^\nu b_{j]}{}^\lambda(D_\nu b^l{}_\lambda) \tag{3.4b}$$

という形にしておくと便利なこともある。

スピン密度　これまでは重力場のラグランジァンのみを考えてきたが，物質のラグランジァン

$$\mathscr{L}_\mathrm{m}=bL_\mathrm{m} \tag{3.5}$$

も考えよう。計量で変分する場合は (1.25b) により

$$\frac{\delta \mathscr{L}_{\mathrm{m}}}{\delta g^{\mu\nu}} = -\frac{1}{2}\sqrt{-g}\,T_{(\mu\nu)} \tag{3.6a}$$

であった。これと調和するように，四脚場による変分を

$$\frac{\delta \mathscr{L}_{\mathrm{m}}}{\delta b_k{}^{\mu}} = -bT^k{}_{\mu} \tag{3.6b}$$

とするのがよいであろう。ここで $T^k{}_{\mu}$ はもちろん $T_{\nu\mu}$ と

$$T_{\nu\mu} = b_{k\nu}T^k{}_{\mu} \tag{3.6c}$$

によって関係づけられている。(6a) と (6b) の間の1/2の差は (3e) のそれと対応するものである。こうして全ラグランジアン $\mathscr{L} = \mathscr{L}_{\mathrm{G}} + \mathscr{L}_{\mathrm{m}}$ に対して

$$\frac{\delta \mathscr{L}}{\delta b_k{}^{\mu}} = b(G^k{}_{\mu} - T^k{}_{\mu}) = 0 \tag{3.7a}$$

となり，

$$G_{\mu\nu} = \varkappa^2 T_{\mu\nu} \tag{3.7b}$$

も得られる。これはアインシュタイン方程式 (1.27) を一般化したものである。

しかしまだ，(7) は b および ω の1階微分を含む方程式であり，ω が b のどんな関係であるかは決まっていない。これを決めるには，ωに関するオイラー方程式を使わなければならない。

まず $\mathscr{L}_{\mathrm{m}}$ をスピン接続に関して変分したものを

$$\frac{\delta \mathscr{L}_{\mathrm{m}}}{\delta \omega^{ij}{}_{,\mu}} = -bS^{\mu}{}_{,ij} \tag{3.8}$$

と書いて，$S^{\mu}{}_{,ij}$ をスピン密度と呼ぶ (4ページの脚注参照)。この量が，実際スピンとどのように関係しているかは，あとでみることにして，とにかく全ラグランジアンの $\omega^{ij}{}_{,\mu}$ による変分は，(4a) とあわせて

$$\frac{\delta \mathscr{L}}{\delta \omega^{ij}{}_{,\mu}} = -b(b_l{}^{\mu}C^l{}_{,ij} + b_i{}^{\mu}C_j - b_j{}^{\mu}C_i + S^{\mu}{}_{,ij}) = 0 \tag{3.9a}$$

という方程式を与える。これに $b^k{}_{\mu}$ をかけて

$$C^k{}_{,ij} + \delta_i^k C_j - \delta_j^k C_i = -S^k{}_{,ij} \tag{3.9b}$$

を得る。ここでもちろん

$$S^k{}_{,ij} = b^k{}_{\mu}S^{\mu}{}_{,ij} \tag{3.9c}$$

である。(9b) を ik について縮約すると

$$-C_j+DC_j-C_j=-S^k{}_{,kj} \tag{3.9d}$$

となる。ここで

$$\delta^i_i=D \tag{3.9e}$$

とした。すなわち，ここには時空の次元が直接表れるので，一般的に D 次元としたのである。これにより

$$C_j=C^k{}_{,jk}=-\frac{1}{D-2}S^k{}_{,kj} \tag{3.9f}$$

となり，さらにこれを(9b)の左辺に代入することにより

$$C^k{}_{,ij}=-S^k{}_{,ij}+\frac{1}{D-2}(\delta^k_iS^l{}_{,lj}-\delta^k_jS^l{}_{,li}) \tag{3.9g}$$

を得る。

こうして捩率をスピン密度によって表す式が得られた。これはまた

$$C^i{}_{,\mu\nu}=-2D_{[\mu}b^i{}_{\nu]} \tag{2.22b}$$

を通じて $\omega^k{}_{l,\mu}$ を b と b の微分で表せることを意味する。これを具体的に実行したのが(2.28a)である。ただし，これが可能であるのは，スピン密度 S が ω を含んでいないとしたときに限られるのは明らかである。この条件は，(8)からみると，$\mathscr{L}_m$ が ω について線形であることを意味する。後の節でみるように，たいていの模型については，この条件はみたされているのである。

いずれにせよ，(2.28a)によって ω が b およびその1階微分の関数として与えられたら，それを(7)に代入することにより，b に関する2階微分方程式が得られ，これは，普通の計量に関するアインシュタイン方程式（捩率による変更を含む）を，四脚場で書き直したものにほかならない。

1.5 階方式　以上，1階方式について説明したが，2階方式との関連についてさらに説明を加えておこう。2階方式では，ω は始めから b とその1階微分，および捩率によって与えられており，したがって R は，始めから b の2階微分まで含む関数である。このことを形式的に示すと（23ページの脚注参照），

$$\mathscr{L}_{1\mathrm{st}}(b,\omega(b,\partial b),\ \partial\omega(b,\partial b))=\mathscr{L}_{2\mathrm{nd}}(b,\partial b,\partial^2 b) \tag{3.10a}$$

と書けるであろう。また1階方式では

$$\left(\frac{\delta\mathscr{L}_{1\mathrm{st}}(b,\omega,\partial\omega)}{\delta\omega}\right)_b=0 \tag{3.10b}$$

が

$$\omega=\omega(b,\partial b) \tag{3.10c}$$

を与える。ところで2階方式における変分は

$$\frac{\delta\mathscr{L}_{\text{2nd}}}{\delta b}=0 \tag{3.10d}$$

であるが，(10 a)により，これは

$$\left(\frac{\delta\mathscr{L}_{\text{1st}}}{\delta b}\right)_\omega+\left(\frac{\delta\mathscr{L}_{\text{1st}}}{\delta\omega}\right)_b\frac{\delta\omega}{\delta b}=0 \tag{3.10e}$$

と書くこともできる。ここで，ω は(10 c)によって b と b の微分とで表されているのであるから，(10 b)も成り立っている。これを(10 e)の第2項で使うと結局

$$\left(\frac{\delta\mathscr{L}_{\text{1st}}}{\delta b}\right)_{\omega=\omega(b,\partial b)}=0 \tag{3.10f}$$

となる。つまり，2階方式においても，結局，1階方式のラグランジアンを，ω に含まれる b, ∂b を除いて，陽に含まれる b のみについて変分し，その結果において，$\omega=\omega(b,\partial b)$ を代入すればよい，ということになる。この方法を1.5階方式と呼ぶことがある。

4節　スピノル場

これまでの準備の上で，いよいよ，重力場の中にあるスピノル場の理論を作ろう。これは，等価原理の精神にのっとって行われる。つまり，局所ロレンツ系で，重力場のないときのディラックの理論を作っておき，それを多脚場を使って曲がった時空の理論にするのである。

ラグランジアンとガンマ行列　まず D 次元の平らなミンコフスキー時空におけるディラック場のラグランジアンを用意する。

$$L=-\frac{1}{2}\bar{\psi}(\partial\!\!\!/-\overleftarrow{\partial\!\!\!/})\psi-m\bar{\psi}\psi \tag{4.1}$$

ここで ψ は $2^{[D/2]}$ の成分のスピノルで*)，ガンマ行列 $\Gamma^i(i=0,1,\cdots,D-1)$ も $2^{[D/2]}\times 2^{[D/2]}$ であり，クリフォード代数

$$\{\Gamma^i,\Gamma^j\}=2\eta^{ij} \tag{4.2}$$

*）［$D/2$］はガウスの記号で，$D/2$ の整数部分を表す。

をみたす。4次元におけると同様 $\eta^{00}=-1$ であるから，Γ^0 のみは反エルミートである。他の Γ^i はすべてエルミートとする。また

$$\bar{\psi}=-i\psi^\dagger\Gamma_0=i\psi^\dagger\Gamma^0 \tag{4.3}$$

また，偶数次元においては

$$\Gamma_\#=\varepsilon_\#\,\Gamma_0\,\Gamma_1\cdots\Gamma_{D-1} \tag{4.4a}$$

を作ると

$$\{\Gamma_\#,\Gamma^i\}=0 \tag{4.4b}$$

となり，カイラル行列となる。なお，$D=4m$ ならば $\varepsilon_\#=i, D=4m+2$ ならば $\varepsilon_\#=1$ とえらぶことにより，$\Gamma_\#$ はエルミート行列となる：

$$\Gamma_\#{}^*=\Gamma_\# \tag{4.4c}$$

したがって

$$\Gamma_\#{}^2=1 \tag{4.4d}$$

で，$\Gamma_\#$ の固有値は ±1 となる。奇数次元では，この性質をもつガンマ行列は存在しない。

いろいろな次元の例　Dの小さい値について例を挙げておこう。

$D=2$：　$2^{[D/2]}=2$。2×2 のパウリ行列 σ_a $(a=1,2,3)$ を用いて

$$\Gamma_0=i\sigma_3,\qquad \Gamma_1=\sigma_1 \tag{4.5a}$$

$$\Gamma_\#=-\sigma_2 \tag{4.5b}$$

$D=3$：　$2^{[D/2]}=2$

(5 a)に

$$\Gamma_2=\sigma_2 \tag{4.6}$$

を付け加える。これで 2×2 の独立な行列は，単位行列を除いて 3 個とも全部使ってしまったことになり，これら全部と反可換な $\Gamma_\#$ を作ることはできない。実際，$\Gamma_0\Gamma_1\Gamma_2=-1$ である。

$D=4$：　$2^{[D/2]}=4$　この場合は特に $\Gamma_i=\gamma_i$ と書く。

もう一つ独立なパウリ行列 ρ_a を用意して

$$\gamma_0=i\rho_3,\quad \gamma_a=\rho_2\sigma_a\quad (a=1,2,3) \tag{4.7a}$$

$$\Gamma_\#=\gamma_5=i\gamma_0\gamma_1\gamma_2\gamma_3=-\rho_1 \tag{4.7b}$$

また荷電共役の行列 C は

$$C=\rho_1\sigma_2 \tag{4.7c}$$

で与えられる。このような行列が存在するのは，特定の次元数に限られる。このことについては，付録Bで詳しく説明する。

$D=5$：　$2^{[D/2]}=4$

(7 a)に(7 b)の $-\rho_1$ を Γ_4 として付け加える。

$D=6$：　$2^{[D/2]}=8$

さらにもう一組のパウリ行列 τ_a を使い，

$$\Gamma_m=\gamma_m \quad (m=0,1,2,3) \tag{4.8a}$$

$$\Gamma_4=\gamma_5\tau_1,\ \Gamma_5=\gamma_5\tau_2 \tag{4.8b}$$

$$\Gamma_\#=-\rho_1\tau_3 \tag{4.8c}$$

$$C=\rho_1\sigma_2\tau_2 \tag{4.8d}$$

このようにして，D が2つ増すごとに，新たなパウリ行列をかけて作っていけばよい。

また(1)において

$$\partial\!\!\!/=\Gamma^i\partial_i \tag{4.9}$$

である。第1項は $-\bar{\psi}\partial\!\!\!/\psi$ でもよいが，部分積分を行って，ψ と $\bar{\psi}$ をなるべく対称的に扱うようにしておいた方が，あとの計算上好都合である。

多脚場と共変微分　さて，曲がった時空に進む第一歩は，(9)における微分の書きかえである。本来，微分は，時空の座標に関するもので，∂_μ である。一方，Γ^i の方は，局所ロレンツ系における量である。両者を結び付けるのが多脚場であり，これを利用して(9)を

$$\partial\!\!\!/=\Gamma^i b_i{}^\mu\partial_\mu \tag{4.10a}$$

と書きかえる。もちろん，重力場がなければ $b_i{}^\mu\rightarrow\delta_i{}^\mu$ となり，(10a)は(9)に帰着する。(10a)を

$$\partial\!\!\!/=\Gamma^\mu\partial_\mu \tag{4.10b}$$

$$\Gamma^\mu=b_i{}^\mu\Gamma^i \tag{4.10c}$$

と書くこともできる。しかし，この Γ^μ は $b_i{}^\mu(x)$ を通じて一般には座標の関数となり，(2)の代わりに

$$\{\Gamma^\mu,\Gamma^\nu\}=2g^{\mu\nu} \tag{4.10d}$$

をみたす。これに対して Γ^i は，あくまで定数行列であることをおぼえておこう。また $\bar{\psi}$ の定義(3)に用いられる Γ_0 は，曲がった時空においても定数行列に保っておか

なければならない。

曲がった時空に進む，つまり一般座標変換に対して共変な理論を作る第２歩として，(10a)における微分を共変微分でおきかえる。この際，ψ は局所ロレンツ変換に対してはスピノルとして変換するが，一般座標変換に対してはスカラーであることを強調しておこう。[問題４－１：$\bar{\psi}\Gamma^{\mu}\psi$ は共変微分に対しても反変ベクトルとして正しく変換することを確かめよ] したがって(2.16a)，(2.13c)より

$$\partial_{\mu}\psi \longrightarrow D_{\mu}\psi = (\partial_{\mu} + \frac{1}{4}\omega^{ij}{}_{,\mu}\Gamma_{ij})\psi \tag{4.11a}$$

とする。ここで Γ_{ij} は

$$\Gamma_{ij} = \frac{1}{2}[\Gamma_i, \Gamma_j] \tag{4.11b}$$

によって定義され，Γ_{0a}, Γ_{ab} はそれぞれエルミート，反エルミートである（ただし，$a, b = 1, \cdots, D-1$）。また

$$[\Gamma_k, \Gamma_{ij}] = 2(\eta_{ki}\Gamma_j - \eta_{kj}\Gamma_i) \tag{4.11c}$$

最後の段階として，L をスカラー密度 bL でおきかえる。こうして

$$\mathscr{L} = b\left[-\frac{1}{2}\bar{\psi}(\not{D} - \overleftarrow{\not{D}})\psi - m\bar{\psi}\psi\right] \tag{4.12a}$$

を得る。ここで

$$\bar{\psi}\overleftarrow{\not{D}} = \bar{\psi}\overleftarrow{D}_{\mu}\Gamma^{\mu} = (D_{\mu}\psi)^{\dagger}(-i\Gamma_0\Gamma^{\mu}) \tag{4.12b}$$

$$= \bar{\psi}\left(\overleftarrow{\partial}_{\mu} - \frac{1}{4}\omega^{ij}{}_{,\mu}\Gamma_{ij}\right)\Gamma^{\mu} \tag{4.12c}$$

である。

場の方程式　さて，まず ψ の場の方程式を求めてみよう。そのためには

$$\mathscr{L} = b(-\bar{\psi}\not{D}\psi - m\bar{\psi}\psi) \tag{4.13}$$

としておいて，$\bar{\psi}$ について変分をとるのが最も簡単である。[問題４－２：(12a)と(13)とが同等であることを示せ] すなわち，$\bar{\psi}$ の微分はないから

$$\frac{\delta\mathscr{L}}{\delta\bar{\psi}} = \frac{\partial\mathscr{L}}{\partial\bar{\psi}} = -b(\not{D} + m)\psi = 0 \tag{4.14a}$$

となる。また

$$\bar{\psi}(\overleftarrow{\not{D}} - m) = 0 \tag{4.14b}$$

も直ちに得られる。

エネルギー・運動量テンソル 次に，フェルミオン場のエネルギー・運動量テンソルを求める。(3.6b)により $\mathscr{L}$(12a)を $b_k{}^\mu$ で微分すると

$$T^k{}_\mu=\frac{1}{2}\bar{\psi}(\Gamma^k D_\mu-\overleftarrow{D}_\mu\Gamma^k)\psi \tag{4.15a}$$

を得る。ここで $\mathscr{L}_{\mathrm{m}}$ の中の b の微分 $\partial b/\partial b_k{}^\mu=-bb^k{}_\mu$ からくる項 $b^k{}_\mu L$ があるが，これは，ψ の運動方程式(14)を使えば0になるので省略した。(15a)に $b_{k\nu}$ をかけて

$$T_{\nu\mu}=\frac{1}{2}\bar{\psi}(\Gamma_\nu D_\mu-\overleftarrow{D}_\mu\Gamma_\nu)\psi \tag{4.15b}$$

が得られるが，明らかにこれは $\mu\nu$ について対称ではない。一方，アインシュタイン方程式の左辺の $G_{\mu\nu}$ も，捩率がある場合は $\mu\nu$ について対称でないことを2節で確かめておいたが，これから推察すれば，(15b)の反対称部分は，やはり捩率の存在によるものと推察される。

なお，(12a)を $b^k{}_\mu$ で微分する際，D の中の ω は固定したままとした。これは，1階方式によるものであるが，2階方式においても，同じ結果となることは，3節の1.5階方式に関する説明からも明らかである（3節では物質場を無視したが，これを取り入れても同じことである）。

スピン密度と捩率 今度は(12a)を $\omega^{ij}{}_{,\mu}$ で微分し，(3.8)によってスピン密度を求めてみよう。そのためには(12a)の中でスピン接続を含む部分をあらかじめ，書きかえておくのが便利である。$\not{D}-\overleftarrow{\not{D}}$ の中で ω を含む部分は

$$\frac{1}{4}\omega^{ij}{}_{,\mu}\{\Gamma^\mu,\ \Gamma_{ij}\} \tag{4.16a}$$

である。これを $\omega^{ij}{}_{,\mu}$ について変分するとき，$\omega_{pq,\nu}$ の pq 反対称性のために

$$\frac{\partial\omega^{pq}{}_{,\nu}}{\partial\omega^{ij}{}_{,\mu}}=(\delta^p_i\delta^q_j-\delta^q_i\delta^p_j)\delta^\mu_\nu \tag{4.16b}$$

であり，これを使って

$$S^\mu{}_{,ij}=\frac{1}{4}\bar{\psi}\{\Gamma^\mu,\Gamma_{ij}\}\psi \tag{4.16c}$$

を得る。あるいは，これを $b^{k\mu}S_{k,ij}$ と書くと，$\{\Gamma_k,\ \Gamma_{ij}\}$ が現れるが，(C.3b)および

それと同様な関係を使って

$$\Gamma_k\Gamma_{ij}=\Gamma_{kij}+\eta_{ki}\Gamma_j-\eta_{kj}\Gamma_i \tag{4.17a}$$

$$\Gamma_{ij}\Gamma_k=\Gamma_{ijk}-\eta_{ki}\Gamma_j+\eta_{kj}\Gamma_i \tag{4.17b}$$

が得られる。ここで，$\Gamma_{kij}=\Gamma_{[i}\Gamma_j\Gamma_{k]}$ である。こうして

$$S_{k,ij}=\frac{1}{2}\bar{\psi}\Gamma_{kij}\psi \tag{4.18a}$$

を得る。これは完全反対称テンソルである。特に 4 次元では

$$S_{k,ij}=\frac{1}{2}i\varepsilon_{ijkl}\bar{\psi}\gamma_5\gamma^l\psi \tag{4.18b}$$

であり，非相対論的極限では

$$S^0{}_{,12}\approx\psi^\dagger\frac{1}{2}\sigma_3\psi \tag{4.18c}$$

などが得られ，たしかにスピンを表していることがわかる。

さらに 3 階完全反対称性の帰結として

$$S^l{}_{,lj}=0 \tag{4.19a}$$

である。したがって(3.9g)より

$$C_{k,ij}=-S_{k,ij}=-\frac{1}{2}\bar{\psi}\Gamma_{kij}\psi \tag{4.19b}$$

となる。すなわち捩率は，スピノル場によって直接与えられてしまい，独立の力学的自由度を持たない。あるいは，物質が存在する場所にだけ「凍り付いて」いて，周囲の空間には存在しない。これは，物質のエネルギー・運動量テンソルによって作り出される曲率が，そのまわりの空間に分布するのと異なっている。実は，捩率が曲率のように「伝播する」性質を持つためには，アインシュタイン・ヒルベルトのラグランジァンのほかに，高い微分の項を付け加える必要があることが知られている。

また(2.28b)から

$$K_{ki,j}=\frac{1}{2}C_{k,ij}=-\frac{1}{2}S_{k,ij} \tag{4.19c}$$

も得られる。

このことから，スピン接続を，リッチ回転係数で表される無捩率の部分と，スピン密度によって表される部分とに分けて書くのが便利であることがわかる。(19c)と

(2.28a)より

$$\omega^{ij}{}_{,\mu}=\omega^{ij}_{\diamond,\mu}-\frac{1}{2}S_{\mu}{}^{,ij} \tag{4.20a}$$

ただし

$$\omega^{ij}_{\diamond,\mu}=\frac{1}{2}b^{k}{}_{\mu}(\varDelta_{k,ij}-\varDelta_{i,jk}+\varDelta_{j,ik}) \tag{4.20b}$$

である。これに応じて，スピン接続の無捩率部分による共変微分を $D^{\diamond}{}_{\mu}$ と書く：

$$D^{\diamond}{}_{\mu}=\partial_{\mu}+\frac{1}{4}\omega^{ij}_{\diamond,\mu}\Gamma_{ij} \tag{4.20c}$$

そうするとラグランジァン(12a)は

$$\mathscr{L}=\mathscr{L}_{\diamond}+\mathscr{L}_{\rm ss} \tag{4.20d}$$

となる。ここで

$$\mathscr{L}_{\diamond}=b\left[-\frac{1}{2}\bar{\psi}(\overrightarrow{\not{D}}_{\diamond}-\overleftarrow{\not{D}}_{\diamond})\psi-m\bar{\psi}\psi\right] \tag{4.20e}$$

$$\mathscr{L}_{\rm ss}=b\frac{1}{4}S_{k,ij}\,S^{k,ij}=b\frac{1}{16}(\bar{\psi}\Gamma_{kij}\psi)(\bar{\psi}\Gamma^{kij}\psi) \tag{4.20f}$$

である。

これからみると，捩率の存在は，結局(20f)で表されるフェルミオンの間の直接相互作用項の存在に帰着される。4次元では(18b)の関係を使って

$$\mathscr{L}_{\rm ss}=b\frac{3}{8}(\bar{\psi}\gamma_5\gamma_l\psi)(\bar{\psi}\gamma_5\gamma^l\psi) \tag{4.20g}$$

となり，軸性ベクトルの自己結合の形である。これはスピン相互作用の名で呼ばれることもある。

さて，スピン接続 $\omega^{ij}{}_{,\mu}$ において，テンソル的でなく，真の接続としての性質を持っているのは，無捩率部分 $\omega^{ij}_{\diamond,\mu}$ である（[問題4-3] 参照)。したがってこの部分さえあれば，共変微分を与えるには十分であるとも言える。また，捩率部分は真のテンソルであることも思い出そう。そうすれば，捩率部分はもっと自由に与える可能性があることに気がつく。たとえば捩率をゼロにしてしまうこともできる。このように考えてくると，「捩率をどのように与えるべきか」について一意的な原理は存在しないようにみえる。1階方式は，フェルミオンのラグランジァンが与えられたとき，捩率をスピン密度によって自動的に導く一つの処方を与えてはくれるが，これが唯一の方法ではないのである。これについては，エネルギー・運動量テンソル

の対称性とも関連して興味ある問題があるが，付録Dを見ていただきたい。

また，スピン密度の概念にも注意すべき点があることも指摘しておこう。たとえば中性ベクトル場を考えよう。そのラグランジァンは

$$\mathscr{L}=\sqrt{-g}\left(-\frac{1}{4}g^{\mu\rho}g^{\nu\sigma}F_{\mu\nu}F_{\rho\sigma}\right) \tag{4.21a}$$

である。電磁場ならば

$$F_{\mu\nu}=\partial_\mu A_\nu-\partial_\nu A_\mu \tag{4.21b}$$

で与えられる。これは

$$\begin{aligned}\tilde{F}_{\mu\nu}&=\nabla_\mu A_\nu-\nabla_\nu A_\mu\\&=F_{\mu\nu}-(\Gamma^\lambda{}_{\nu\mu}-\Gamma^\lambda{}_{\mu\nu})A_\lambda=F_{\mu\nu}+C^\lambda{}_{,\mu\nu}A_\lambda\end{aligned} \tag{4.21c}$$

としてもよさそうであるが，第2項があると，ゲージ変換

$$A_\mu \longrightarrow A_\mu+\partial_\mu\Lambda \tag{4.21d}$$

に対する不変性を破る。したがって，もしゲージ不変性を要求するならば，(21b)をとるべきこととなる。ゲージ不変でない理論ならば(21c)でもよい。もちろん(21b)でもよい。差 $C^\lambda{}_{,\mu\nu}A_\lambda$ はテンソルであるから，どちらにしても，理論の一般座標変換に対する不変性は保たれる。(21b)の場合には，変分をとる際の独立な場としては，A_μ を考えるのが自然であろう。そうすると，どこにもスピン接続は現れず，したがって，スピン密度も0である。電磁場のように，スピン1をもつ場に対して，スピン密度は存在しないのである。

しかし，(21c)をえらんだときには事情が異なる。今度は $A_i=b_i{}^\mu A_\mu$ を独立変数としてみる。そうすると，(21c)は

$$\tilde{F}_{\mu\nu}=2(b^i{}_{[\mu}\partial_{\nu]}A_i-\omega^k{}_{l,[\mu}b^l{}_{\nu]}A_k) \tag{4.22a}$$

と書くことができる。これから

$$\frac{\partial\tilde{F}_{\mu\nu}}{\partial\omega_{ij}{}^{,\lambda}}=-4\delta^\lambda{}_{[\mu}A^{[i}b^{j]}{}_{\nu]} \tag{4.22b}$$

となり，結局

$$S^{\mu,ij}=2\tilde{F}^{\mu\lambda}b^{[i}{}_\lambda A^{j]} \tag{4.22c}$$

を得る。しかし，これが，スピンという意味を持つかどうかは余り明らかではない。さらに，$F_{\mu\lambda}$ の中には(22a)にみるように，ふたたびスピン接続が含まれており，1階方式を用いても，振率を直ちに与えてはくれない。

第 2 章　4 次元単純超重力理論

この章の主題は，4 次元時空における単純超重力理論であり，本書の中心部分をなすものである。始めの 5 節で，平らな 4 次元ミンコフスキー時空における大域的超対称性理論を極く簡単に紹介する。超対称性理論は，極めて深く，広い内容を持っているが，その最も基礎的な構造を理解してもらうのが目的である。つぎの 6 節は，曲がった時空におけるラリタ・シュウィンガー場の理論に関するもので，これが重力子の超対称パートナーである重力微子を記述する。第 7 節で，このスピン 3/2 の場の理論と，アインシュタインの一般相対論とを組み合わせて，超対称性を持つ重力理論，すなわち超重力理論を構成する。超重力理論は最初，Freedman, van Nieuwenhuizen, Ferrara により，2 階方式を用いた多分に発見法的な手段によって作られたものであるが，その完成と前後して，Deser と Zumino が 1 階方式による理論形式を示した。この方が，少なくともここで扱う超重力理論の原型に関しては見通しがよいので，この章でも 1 階方式を採用する。この超重力理論は，局所的超対称変換に対して不変であるが，5 節で述べた大域的超対称変換の自然な拡張であることを示す重要な面として，超対称変換の代数について議論するのが 8 節の内容である。この節の記述は多少手薄となってしまった。5 節と共に，できれば文献を参照していただきたい。

5 節　大域的超対称性

超対称性とは，ボゾンとフェルミオンの間の対称性である。この世界に存在する素粒子には，整数スピンでボーズ統計にしたがうボゾンと，半整数スピンでフェルミ統計にしたがうフェルミオンとがあるが，これらは互いに全く無関係なものであろうか。そうではなく，自然にはなんらかの統一性があるはずで，他の内部対称性の場合と同じく，ボゾンとフェルミオンとは，ひとつの「超対称多重項」としてまとまって現れているのではなかろうか。もしそうだとすると，ボゾンとフェルミオンを結び付ける「超対称変換」が存在し，この変換群の既約表現が上に述べた超対称多重項を与えるのではなかろうか。このような考えかたの歴史は古いが，4 次元の具体的な場の理論として定式化されたのは，Wess と Zumino の理論が最初である。この節では，最も簡単な二つの模型について，その要点を解説し，超重力理論の理解の出発点としたい。

超対称カイラル理論　平らな 4 次元時空の中で，次の場を考える：

$A(x), F(x)$：　実スカラー場　（スピン・パリティー 0^+）

$B(x), G(x)$：　実擬スカラー場（スピン・パリティー 0^-）

$\psi(x)$：　マヨラナ場　（スピン 1/2）

ここでψはマヨラナ条件

$$\psi = C\bar{\psi}^T \tag{5.1}$$

を満たすものとする。ψは元来複素数で 4 成分，つまり 8 個の実数成分を持っていたが，この条件により，半分の四つの実数成分しか持たないことになる。ψの力学的自由度は，さらにこの半分の 2 である。なぜならば，ψは，1 階の微分方程式であるディラック方程式に従うのであるが，力学的自由度とは 2 階の微分方程式の解である調和振動子の数にほかならないからである（ディラック方程式は 2 階のクライン・ゴードン方程式を，関数の数を 2 倍にすることによって 1 階化したもの，と考えればよい）。これらの場について，次のラグランジァンを考える*)：

$$\begin{aligned} L = & -\frac{1}{2}\partial_\mu A\partial^\mu A - \frac{1}{2}\partial_\mu B\partial^\mu B - \frac{1}{2}\bar{\psi}\partial\!\!\!/\psi + \frac{1}{2}F^2 + \frac{1}{2}G^2 \\ & - m(\frac{1}{2}\bar{\psi}\psi - AF + BG) \\ & - \frac{1}{2}g[-\bar{\psi}(A + i\gamma_5 B)\psi + (A^2 - B^2)F - 2ABG] \end{aligned} \tag{5.2}$$

第 1 行においてψの項に 1/2 があるのは，ψがマヨラナ場であるためである。すなわち，$\bar{\psi}$は(1)のためにψと独立ではなく，$\bar{\psi}$とψの双 1 次形成は，実質的にψの 2 次式にほかならない。つまり，実数場 A, B と同じような事情にある。第 2 行は，ψの質量項とその拡張で，あとで A, B の質量項を与えることがわかる。第 3 行は，湯川相互作用とその拡張である。この湯川相互作用の形が理論の「カイラル性」を表している。結合定数 g は無次元で，したがってこれはくりこみ可能な相互作用を表す。

---

*)　この節では，平らなミンコフスキー時空しか考えない。したがって，この節に限り，γ^μ は定数行列であり，$g_{\mu\nu}$ はミンコフスキー計量 $\eta_{\mu\nu}$ である。また，$\eta^{\mu\nu}\partial_\mu A\partial_\nu A$ を簡単に $\partial_\mu A\partial^\mu A$ と書くことにする。また，G やgも，重力定数や計量の行列式ではない。

(2)をそれぞれの場について変分して，場の方程式を導くのであるが，F，Gは微分をともなわない。したがって，一種の補助場であり，他の場によって表すことができる。これをみるために，まずF，Gの場の方程式を求める：

$$0=\frac{\partial L}{\partial F}=F+mA-\frac{1}{2}g(A^2-B^2), \tag{5.3a}$$

$$0=\frac{\partial L}{\partial G}=G-mB+gAB \tag{5.3b}$$

これによって，F，GをA，Bで表し，その結果を(2)に代入すると

$$\begin{aligned} L=&-\frac{1}{2}\partial_\mu A\partial^\mu A-\frac{1}{2}\partial_\mu B\partial^\mu B-\frac{1}{2}\bar{\psi}\partial\!\!\!/\psi \\ &-\frac{1}{2}m^2A^2-\frac{1}{2}m^2B^2-\frac{1}{2}m\bar{\psi}\psi \\ &+\frac{1}{2}mgA(A^2+B^2)+\frac{1}{2}g\bar{\psi}(A+i\gamma_5B)\psi \\ &-\frac{1}{8}g^2(A^2+B^2)^2 \end{aligned} \tag{5.4}$$

となる。この式の第2行は，A，B，ψがすべて，共通の質量mを持つことを示している。すなわちA，B，ψは縮退した組を作っている。これが上に述べた超対称多重項である。実際の自然界には，このように縮退したボゾンとフェルミオンの対は発見されていない。たとえば，電子と同じ質量のスカラー場は存在しない。したがって，超対称性は正確には成り立っておらず，これを破る機構が働いていると考えざるを得ない。それにもかかわらず，現象の背後には正確な対称性が成り立っていると期待するのである。

(4)から出発せずに，F，Gを含む(2)から出発する理由は，「超対称代数」を一般的な場合に閉じさせるためで，すぐあとで説明する。

(4)に現れる場はすべて独立な自由度を持つが，フェルミオン場は，既に説明したように2，ボゾン場はAとBを合わせて2，つまり，ボゾンとフェルミオンの力学的自由度はそろっている。これは，A，B，ψが，ある意味で対等であり，一つの超対称多重項を作るための必要条件の一つである。

超対称変換　この理論は，次のような超対称変換に対して不変であることを示す。

$$\delta A=\bar{\varepsilon}\psi, \quad \delta B=-i\bar{\varepsilon}\gamma_5\psi, \tag{5.5a,b}$$

$$\delta\psi=\partial\!\!\!/(A-i\gamma_5B)\varepsilon+(F+i\gamma_5G)\varepsilon, \tag{5.5c}$$

$$\delta F=\bar{\varepsilon}\partial\!\!\!/\psi, \quad \delta G=i\bar{\varepsilon}\gamma_5\partial\!\!\!/\psi. \tag{5.5d,e}$$

ここで ε は，マヨナラ条件をみたすスピノルパラメターである。ボゾンとフェルミオンとを結ぶ変換のパラメターはスピノルでなければならない。また，もう一つ重要な条件として，ψおよびεはグラスマン数であるとする。すなわち，ε，ψの各成分は互いに反可換であり，自分自身の 2 乗は 0 である。ボゾン場とは可換である。またεは，xには依存しない「定数」であるとする。すなわち，ここで考える超対称変換は，大域的なものに限っておく。あとで見るように，これを局所的な変換に拡張すると，超重力理論が得られるのである。

(5) に対して (2) の L は

$$\delta L = -\frac{1}{2}\bar{\varepsilon}\partial_\mu[\partial_\nu(A-i\gamma_5 B)\gamma^\mu\gamma^\nu-(F+i\gamma_5 G)\gamma^\mu-2m(A-i\gamma_5 B)\gamma^\mu]\psi \quad (5.6)$$

となることがわかる。ラグランジャンの変化が 4 次元発散であるから，作用 $I=\int Ld^4x$ は不変である。これに対応して

$$J^\mu = -[\partial\!\!\!/(A+i\gamma_5 B)-(F+i\gamma_5 G)]\gamma^\mu\psi \quad (5.7a)$$

は，場の方程式を使った結果として

$$\partial_\mu J^\mu = 0 \quad (5.7b)$$

をみたす。[問題5-1：(6),(7a) を導け] J^μ は，(7a) にψが含まれることから明らかなように，スピノル添字を持っている「スピノルベクトル」である。

スピノル流 (7a) の第 0 成分を積分するとスピノル荷

$$Q = \int J^0 d^3x \quad (5.8a)$$

が得られる。これは，(7b) の結果保存される：

$$\dot{Q} = 0 \quad (5.8b)$$

これが変換 (5) を引き起こす生成子である。実際，正準交換関係を使うと

$$i[\bar{\varepsilon}Q, A] = \bar{\varepsilon}\psi \quad (5.8c)$$

などが得られる。

超対称代数　次にこの変換の代数について調べる。スピノルパラメター ε_1 による超対称変換を δ_1 で表す。たとえば

$$\delta_1 A = \bar{\varepsilon}_1\psi \quad (5.9a)$$

である。別の ε_2 による変換を δ_2 で表す。二つの超対称変換を続けて行う。たとえば (9a) に第 2 の変換を施すと

$$
\begin{aligned}
\delta_2\delta_1 A &= \delta_2(\bar{\varepsilon}\psi) = \bar{\varepsilon}_1\delta_2\psi \\
&= \bar{\varepsilon}_1[\partial\!\!\!/(A - i\gamma_5 B) + (F + i\gamma_5 G)]\varepsilon_2 \\
&= (\bar{\varepsilon}_1\gamma^\mu\varepsilon_2)\partial_\mu A - i(\bar{\varepsilon}_1\gamma^\mu\gamma_5\varepsilon_2)\partial_\mu B + (\bar{\varepsilon}_1\varepsilon_2)F + (\bar{\varepsilon}_1 i\gamma_5\varepsilon_2)G
\end{aligned} \tag{5.9b}
$$

となる。1と2をとりかえて差し引く。このとき

$$
\begin{aligned}
&\bar{\varepsilon}_1\varepsilon_2 = \bar{\varepsilon}_2\varepsilon_1, \quad \bar{\varepsilon}_1\gamma^\mu\varepsilon_2 = -\bar{\varepsilon}_2\gamma^\mu\varepsilon_1, \\
&\bar{\varepsilon}_1\gamma^{\mu\nu}\varepsilon_2 = -\bar{\varepsilon}_2\gamma^{\mu\nu}\varepsilon_1, \\
&\bar{\varepsilon}_1\gamma_5\gamma^\mu\varepsilon_2 = \bar{\varepsilon}_2\gamma_5\gamma^\mu\varepsilon_1, \quad \bar{\varepsilon}_1\gamma_5\varepsilon_2 = \bar{\varepsilon}_2\gamma_5\varepsilon_1
\end{aligned} \tag{5.10}
$$

を使う。これは，εがマヨラナスピノルであること，またグラスマン数であることの結果である。古典的であるにもかかわらず，量子化された場における荷電共役に対するのと同じ性質が見られるのである。(10)により，(9b)の第1項以外は全部落ちてしまい，

$$
[\delta_1, \delta_2]A = 2\xi^\mu\partial_\mu A \tag{5.11a}
$$

となる。ここで

$$
\xi^\mu = \bar{\varepsilon}_2\gamma^\mu\varepsilon_1 \tag{5.11b}
$$

とおいた。

B，ψ，F，Gに対しても全く同じ結果が得られる。それらをまとめて

$$
[\delta_1, \delta_2] = 2i\xi^\mu P_\mu \tag{5.12a}
$$

と書く。ここでP_μは並進演算子

$$
P_\mu = -i\partial_\mu \tag{5.12b}
$$

である。

(11b)と(10)の2番目の式から，もし$\varepsilon_1 = \varepsilon_2$ならば，$\xi^\mu = 0$である。したがって，(12)は，二つの超対称変換の交換関係はそれらの「差」の分量だけの並進を生ずることを示す。これはあとで超重力理論を考えるときの重要な鍵となる。

なお，(12)を次のように書きかえておくのが便利である。まず(12a)は，(8c)の書きかたによれば，一般に

$$
[\bar{\varepsilon}_1 Q, \bar{\varepsilon}_2 Q] = 2i\xi^\mu P_\mu \tag{5.13a}
$$

と書かれるであろう。Qもやはりマヨナラ，グラスマンスピノルであるから，(10)の最初の式と同様にして

$$
\bar{\varepsilon}_1 Q = \bar{Q}\varepsilon_1 \tag{5.13b}
$$

と書ける。これを(13a)に代入し，またスピルノ添字を$\alpha, \beta (=1, \cdots, 4)$で表すと，

(13a) の左辺は

$$\bar{Q}_\alpha \varepsilon_{1\alpha} \bar{\varepsilon}_{2\beta} Q_\beta - \bar{\varepsilon}_{2\beta} Q_\beta \bar{Q}_\alpha \varepsilon_{1\alpha} \tag{5.13c}$$

となる。第1項において $\bar{\varepsilon}_{2\beta}$ を一番左に，$\varepsilon_{1\alpha}$ を一番右に持ってくれば，グラスマン数の性質により，符号が変わる。したがって (13c) は

$$-\bar{\varepsilon}_{2\beta}\{Q_\beta, \bar{Q}_\alpha\}\varepsilon_{1\alpha} \tag{5.13d}$$

となる。一方 (13a) の右辺は

$$2i\bar{\varepsilon}_{2\beta}(\gamma^\mu)_{\beta\alpha}\varepsilon_{1\alpha}P_\mu \tag{5.13e}$$

であるから，両端の $\bar{\varepsilon}_{2\beta}, \varepsilon_{1\alpha}$ をおとして

$$\{Q_\beta, \bar{Q}_\alpha\} = -2i\not{P}_{\beta\alpha} \tag{5.13f}$$

を得る。$\not{P}_{\beta\alpha}$ は $(\gamma^\mu P_\mu)_{\beta\alpha} = (\gamma^\mu)_{\beta\alpha} P_\mu$ を表わす。

スピノル荷 Q_α を含む他の代数としては

$$[Q_\alpha, P_\mu] = 0 \tag{5.14a}$$

$$[Q_\alpha, J_{\mu\nu}] = \frac{1}{2}(\sigma_{\mu\nu}Q)_\alpha \tag{5.14b}$$

がある。ここで $\sigma_{\mu\nu} = -i\gamma_{\mu\nu}$ と書いた。(14a) は，Q_α が保存すること，(14b) は，ロレンツ変換に対して Q_α がスピノルとして変換することを示している。(13f) と (14)，更に通常のポアンカレ代数を含めた全体は，階数つきリー代数をなす(階数つきとは，反交換関係が含まれていることを示す)。

(13f) は，超対称変換が並進変換の「平方根」であることを示している。また，他の内部対称性の変換とは異なって，超対称変換が時空の変換と無関係ではないことを示したものということが出来よう。

補助場　なぜ補助場 F，G が必要であったかを考えてみよう。議論を簡単にするために，$m=g=0$ とおく。このとき (3a),(3b) は

$$F=0, G=0 \tag{5.15}$$

となる。超対称代数に関する (9a) 以下の計算を ψ について行うと，A の場合より実は複雑である。(5c) で (15) を使ってしまうと，

$$\delta_1\psi = \not{\partial}(A - i\gamma_5 B)\varepsilon_1 \tag{5.16a}$$

となる。これから

$$\begin{aligned} \delta_2\delta_1\psi &= \not{\partial}[(\bar{\varepsilon}_2\psi) - \gamma_5(\bar{\varepsilon}_2\gamma_5\psi)]\varepsilon_1 \\ &= (\bar{\varepsilon}_2\partial_\mu\psi)\gamma^\mu\varepsilon_1 - (\bar{\varepsilon}_2\gamma_5\partial_\mu\psi)\gamma^\mu\gamma_5\varepsilon_1 \end{aligned} \tag{5.16b}$$

ここでフィアツ変換を行い，(10)を使って整理すると，

$$[\delta_2,\delta_1]\psi=-(\bar{\varepsilon}_2\gamma^\rho\varepsilon_1)\gamma^\mu\gamma_\rho\partial_\mu\psi \tag{5.16c}$$

$$=-2\xi^\mu\partial_\mu\psi+\xi\!\!\!/\partial\!\!\!/\psi \tag{5.16d}$$

を得る。[問題5-2：(16c) を導け] もし，$m=g=0$ のもとでのψの場の方程式

$$\partial\!\!\!/\psi=0 \tag{5.17}$$

を使うならば，(16d)は(12a)の形に帰着し，超対称代数は並進までを含めて閉じる。これを，超対称代数は「質量殻上で閉じる」という。しかし(17)を使わない場合には(16d)の最後の項が残り，これは簡単な意味を持たない。すなわち，「質量殻外では超対称代数は閉じない。」もし，超対称代数が質量殻上でのみ閉じられているならば，それは，もっと別の相互作用などを導入すれば容易にこわされてしまうかもしれない。超対称代数が十分一般的な基礎を提供するためには，それが質量殻の外でも閉じていることが望ましい。

もしFを(16a)でも残しておくと，(16d)の最後の項のない答が自然に得られ，場の方程式を使わなくても，超対称代数は閉じることが確かめられる。

このようなことがおこるそもそもの原因は，ボゾンとフェルミオンの自由度の一致にある。物理的な自由度は2=2でそろっていることは既に述べたが，ψが4成分であることからくる本来4個の自由度が2に減ったのは，ψの場の方程式の結果である。すなわち，フェルミオンの自由度は質量殻外では4，質量殻上では2である。これに応じて，ボゾンの自由度も，質量殻外では4となっていなければ超対称代数は成り立ち得ない。質量殻上では残らないF，Gが持つ自由度2は，このような意味で必要なのである。

超マクスウェル理論　マクスウェル場を含む超対称多重項は

$A_\mu(x)$：電磁場(1^-)

$\lambda(x)$：　マヨラナスピノル場(1/2)

$D(x)$：　実擬スカラー場(0^-)

で与えられる。$\lambda(x)$は光子の超対称性パートナーで，光微子（フォティーノ）と呼ばれる。質量ゼロのフェルミオンである中性微子（ニュートリノ）が光微子であると思われたこともあった。しかし現在では，超対称性の破れにより，光微子は大きな質量を持つと考えられ，実験的探索の重要な対象となっている。

さてラグランジアンは

$$L = -\frac{1}{4}F_{\mu\nu}F^{\mu\nu} - \frac{1}{2}\bar{\lambda}\partial\!\!\!/\lambda + \frac{1}{2}D^2 \tag{5.18}$$

で，これを 4 元発散を除いて不変にする超対称変換は

$$\left.\begin{aligned} \delta A_\mu &= i\bar{\varepsilon}\gamma_\mu\lambda, \\ \delta\lambda &= -\frac{1}{2}F_{\mu\nu}\gamma^{\mu\nu}\varepsilon, \\ \delta D &= i\bar{\varepsilon}\gamma_5\partial\!\!\!/\lambda \end{aligned}\right\} \tag{5.19}$$

である。D はやはり補助場で，その場の方程式は

$$0 = \frac{\partial L}{\partial D} = D \tag{5.20}$$

である。質量殻上での自由度は 2=2 であるが，質量殻外では 4=4 である。ボゾンの 4 のうち，1 は D のもので，また，スカラー光子が 1 を寄与している。

以上の例からわかるように，ひとつの超対称性多重項は，質量殻上では，スピンの値が 1/2 だけ異なる場から成っている。超対称カイラル理論ではスピン 0 とスピン 1/2，超マクスウェル理論では 1 と 1/2 である。

ヘリシティーを変える演算子　超対称変換が，スピンの値が 1/2 だけ異なる状態を結び付ける，ということをもう少し調べてみよう。まず交換関係 (14b) から出発する：

$$[Q_\alpha, J_{\mu\nu}] = \frac{1}{2}(\sigma_{\mu\nu})_{\alpha\beta}Q_\beta \tag{5.21}$$

質量がゼロの素粒子を考える。この進行方向を第 3 軸にえらぶと，角運動量のその方向の成分，つまり J_{12} がヘリシティー演算子である。ヘリシティーが h であるような状態を $|h>$ と書く。これは

$$J_{12}|h> = h|h> \tag{5.22}$$

に従う。

(21) のうちで，次の成分に注目する。

$$[Q_1, J_{12}] = \frac{1}{2}(\sigma_{12})_{1\beta}Q_\beta = \frac{1}{2}Q_1 \tag{5.23a}$$

ここで，$\sigma_{12} = \sigma_3$ が diag(＋－＋－) であるような表示を採用する。(23a) は，Q_1 がヘリシティーを 1/2 だけ下げる演算子であることを示している。実際

$$J_{12}Q_1|h> = ([J_{12}, Q_1] + Q_1J_{12})|h>$$

$$=\left(-\frac{1}{2}Q_1+Q_1h\right)|h>$$

$$=\left(h-\frac{1}{2}\right)Q_1|h> \qquad (5.23b)$$

である。したがって

$$Q_1|h>=|h-\frac{1}{2}> \qquad (5.23c)$$

と書いてよいであろう。

同様にして，Q_2 はヘリシティーを1/2だけ上げる演算子であることも確かめられる。(23b)にもう一度 Q_1 をかけると，ヘリシティーがさらに1/2下がった $|h-1>$ ができそうであるが，Q がグラスマン数であって，$(Q_1)^2=0$ であることをおもい出すと，そのような状態は存在しないことがわかる。

こうして，$|h>$ と $|h-1/2>$，または $|h>$ と $|h+1/2>$ とが，それぞれ超対称二重項を作ることがわかった。超対称カイラル理論の例で言うと，ψ の右まき状態 ($h=1/2$) と，A，B の適当な線形結合が二重項をなし，もうひとつ別の線形結合と，ψ の左まき状態 ($h=-1/2$) とが別の二重項をなしている。これを図式的に示したのが図5-aである。同様にして，超対称マクスウェル理論における二重項の図式は図5-bのようになる。

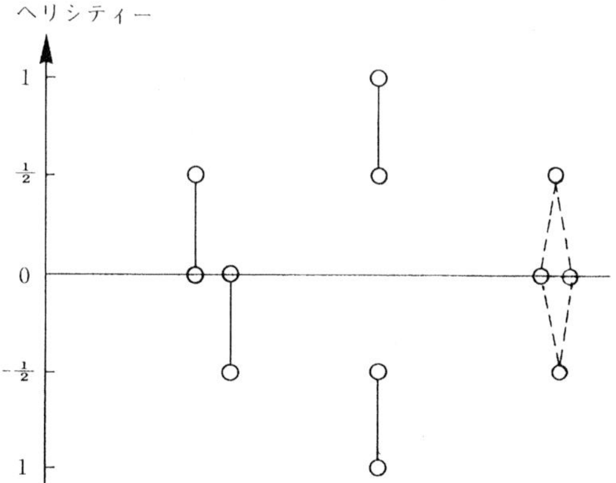

(a)　(b)　(c)

図5

多重超対称性　以上は，超対称性パラメターが，したがってスピノル荷も唯一種類存在する場合に成り立つ議論であった。これを拡張して，スピノル荷が一般に N 種類存在するような理論を作ることができる。このとき，スピノル荷を $Q_\alpha{}^{(i)}(i=1,2,\cdots,N)$ と記し，(13f) は

$$\{Q_\alpha^{(i)}, \bar{Q}_\beta^{(j)}\} = -2i\delta^{ij}(\not{P})_{\alpha\beta} \tag{5.24}$$

と拡張される。

$N=2$ の例について，超対称多重項の構造を調べよう。(21) は，各 i について成り立つので，今度はヘリシティーを 1/2 だけ下げる演算子が $Q_1{}^{(1)}$ と $Q_1{}^{(2)}$ の 2 個存在する。上げる演算子についても同様である。あるヘリシティー状態 $|h>$ に $Q_1{}^{(1)}$ をかけたものを

$$Q_1^{(1)}|h> = |h-\frac{1}{2}>_{(1)} \tag{5.25a}$$

と書く。同様に

$$Q_1^{(2)}|h> = |h-\frac{1}{2}>_{(2)} \tag{5.25b}$$

もあり，(25a) とは別の状態である。(25a) にもう一度 $Q_1{}^{(1)}$ をかけるとゼロとなるが，$Q_1{}^{(2)}$ をかけると，ゼロではない，ヘリシティー$h-1$ の状態ができる：

$$Q_1^{(2)}Q_1^{(1)}|h> = Q_1^{(2)}|h-\frac{1}{2}>_{(1)} = |h-1> \tag{5.25c}$$

これはまた $-Q_1{}^{(1)}|h-1/2>_{(2)}$ にも等しい。これからさらにヘリシティーの小さい状態を作ることはできない。図式的に示すと図 5-c のようになる。こうして，$N=2$ の場合は，ヘリシティーのちがいが 1 の範囲にはいる状態 4 個で，ひとつの超対称四重項を作ることがわかる。

この構成法を拡張すると，「N 重の超対称理論」では，超対称 2^n 多重項が出現し，そのヘリシティーの値は，h から $h-N/2$ の範囲におよぶことが結論される。ヘリシティーの値が $h-r/2$ の状態の多重度は ${}_NC_r$ である。

6 節　スピン 3/2 の場

前節で説明した超対称性においては，スピノルパラメターは定数であった。その意味で，大域的超対称性と呼ばれたのであったが，他の内部対称変換と同様，これを局所変換に格上げしてみよう，と考えるのはひとつの成り行きであろう。すなわち，スピノルパラメターεが，時空点xの任意の関数であっても超対称性が成り立つ

ようにしたいのである。このような理論を作るに際して，ヒントとなることが二つある。第一は，「ゲージ化」において登場するゲージ場はどんな場であろうか，という疑問に関するものである。

超対称性のゲージ場　普通の内部対称変換において，まず大域的変換のパラメターが n 個あるとしよう：$\theta^a(a=1,\cdots,n)$。このとき n 個の保存流 $J_\mu{}^a$ がある。これから変換の生成子 Q^a が

$$Q^a=\int J^{0a}d^3x \tag{6.1}$$

によって導かれる。この理論をゲージ化して現れるゲージ場は，やはり n 個あり，$A_\mu{}^a$ と書かれる。これが $J_\mu{}^a$ と全く同じ時空変換性をもつことに注目しよう。

このことから推察すると，局所超対称変換にともなうゲージ場は，大域的超対称性を生成するスピノル流 J^μ（たとえば(5.7a)）と同じ時空変換性を持つスピノルベクトルであろうと思われる。そのような場 ψ_μ は，ラリタ・シュウィンガー場として古くから知られており，スピン 3/2 の粒子を記述する。

第2のヒントは，超対称変換の基本的な交換関係(5.12a）にある。

$$[\delta_1,\delta_2]=2i\xi^\mu P_\mu \tag{6.2}$$

もし，左辺が何等かの意味で x に依存するように修正されたとき，右辺の並進変換も同様に修正されるであろう。ところで，局所化された並進変換 $x^\mu\rightarrow x^\mu+a^\mu(x)$ は，まさに一般座標変換そのものに外ならない。このように考えると，局所超対称性を持つ理論が重力の理論となるのはむしろ自然であることが推察されよう。

一方，アインシュタインの重力理論はテンソル場を含み，これはスピン2の粒子，すなわち重力子に対応する。この事を，上に述べた第一のヒントと合わせると，考えるべき理論は，スピン 3/2 とスピン2の場を超対称二重項ととして含むものとなるであろうことが期待される。ちょうど，スピン1のマクスウェル理論を超対称化したものが，スピン 1/2 のパートナーとして光微子を含むものとなったのと同じようになるであろう。

重力微子　このような予想のもとに，超対称化された重力理論を作ろうとするのであるが，まず第一に，スピン 3/2 の場―重力微子（グラヴィティーノ）―の理論を整備しておく。平らなミンコフスキー時空においてスピノルベクトル $\psi_\mu(x)$ を考え

る。これは，ベクトル添字μのそれぞれの値について 4 個の成分を持つスピノルである。$\psi_{\mu\alpha}(\alpha=1,\cdots,4)$ と 2 つの添字をわざわざつけてみればわかるように(ただし，特に必要がない限り，スピノル添字は省略する)，これはベクトルとスピノルの直積である。簡単に言えば，ベクトルはスピン 1 を，スピノルはスピン 1/2 を表すから，直積は，合成スピン 3/2 と 1/2 の波動関数である。これで，ψ_μ がスピン 3/2 を含むことは明らかとなったが，スピン 1/2 をどうするかは，あとで説明する。さらに，前の節と同様に，マヨラナ条件を課する：

$$\psi_\mu = C\bar{\psi}_\mu^T \tag{6.3}$$

これは，それぞれの ψ_μ がマヨラナスピノルであることを意味するから，それぞれ ψ_μ が 4 個の実数成分を持つ。したがって，全部で 16 成分ということになる。

重力微子は，質量ゼロの重力子のパートナーとなるべきものであるから，やはり質量ゼロの場でなければならない。質量項がないとすると，ラグランジァンは 1 階の微分を含む項のみからできていなければならない。ψ_μ と $\bar{\psi}_\mu$ から，そのようなエルミートでロレンツスカラーを作るには，三つの可能性がある。それらを並べて，次のラグランジァンを考える：

$$L = -\frac{1}{2}\bar{\psi}_\mu \partial\!\!\!/ \psi^\mu - \frac{1}{2}a\bar{\psi}_\mu(\gamma^\mu\partial^\nu + \gamma^\nu\partial^\mu)\psi_\nu - \frac{1}{2}b\bar{\psi}_\mu\gamma^\mu \partial\!\!\!/ \gamma^\nu\psi_\nu \tag{6.4}$$

ここで，a および b は未定の実定数である。前節と同様，γ^μ は定数行列，$\partial^\mu = \eta^{\mu\nu}\partial_\nu$，$\psi^\mu = \eta^{\mu\nu}\psi_\nu$ などと書くことにする。第 1 項は，普通のマヨラナスピノル場の運動エネルギー項を四つ並べただけのものである（符号も全体の係数 1/2 も正しく選んである)。第 2，第 3 項は，いわゆるゲージ項で，これからの議論の対象である。

一般に質量ゼロの場は，特別の性質を持っている。特にマクスウェル理論においては，ゲージ変換

$$A_\mu \to A_\mu + \partial_\mu \Lambda \tag{6.5}$$

に対する不変性が，光子の質量がゼロであることと，密接に結びついていることは周知である。ψ_μ もベクトル場の性質を持っていることを考えると，(6.5) と類似のゲージ変換

$$\psi_\mu \to \psi_\mu + \partial_\mu \chi \tag{6.6}$$

に対する不変性を要求してもよさそうに思われる。ここでχは，当然マヨラナスピノルである。ラグランジァン(4)が(6)に対してどのように変換するかを見るには，ガンマ行列に関する次の公式を使って変形しておくのが便利である。

$$\gamma^{\rho\mu\sigma}=\gamma^\rho\gamma^\mu\gamma^\sigma-\eta^{\rho\mu}\gamma^\sigma+\eta^{\rho\sigma}\gamma^\mu-\eta^{\mu\sigma}\gamma^\rho \qquad (6.7\text{a})$$

ここで $\gamma^{\rho\mu\sigma}$ は，次のように定義される反対称積である：

$$\begin{aligned}\gamma^{\rho\mu\sigma}&=\gamma^{[\rho}\gamma^\mu\gamma^{\sigma]}\\&=\frac{1}{3!}(\gamma^\rho\gamma^\mu\gamma^\sigma+\gamma^\mu\gamma^\sigma\gamma^\rho+\gamma^\sigma\gamma^\rho\gamma^\mu-\gamma^\sigma\gamma^\mu\gamma^\rho-\gamma^\mu\gamma^\rho\gamma^\sigma-\gamma^\rho\gamma^\sigma\gamma^\mu)\end{aligned} \qquad (6.7\text{b})$$

[問題6-1：(7a)を証明せよ。] なお，(7a)は任意の次元に対して成り立つが，特に4次元においては，

$$\gamma^{\rho\mu\sigma}=i\varepsilon^{\rho\mu\sigma\nu}\gamma_5\gamma_\nu \qquad (6.7\text{c})$$

という簡単な関係がある。ここで $\varepsilon^{\rho\mu\sigma\nu}$ はレヴィ・チヴィタのテンソルで

$$\varepsilon^{0123}=-\varepsilon_{0123}=+1 \qquad (6.7\text{d})$$

と決めておく。(7c)を確かめるには，添字に具体的な値を入れ，(4.7)を使って両辺を比べてみるのが早道であろう。(4)の第1項を $(-1/2)\bar{\psi}_\rho\eta^{\rho\sigma}\gamma^\mu\partial_\mu\psi_\sigma$ と書いておき，(7a)を$\eta^{\rho\sigma}\gamma^\mu=\cdots$という形で代入すると

$$\begin{aligned}L=&-\frac{1}{2}\bar{\psi}_\rho\gamma^{\rho\mu\sigma}\partial_\mu\psi_\sigma-\frac{1}{2}(a+1)\bar{\psi}_\rho(\gamma^\rho\partial^\sigma+\gamma^\sigma\partial^\rho)\psi_\sigma\\&-\frac{1}{2}(b-1)\bar{\psi}_\rho\gamma^\rho\partial\!\!\!/\gamma^\sigma\psi_\sigma\end{aligned} \qquad (6.8)$$

を得る。

第1項はゲージ変換(6)に対して不変である。このことは，ψ_σの変化に対しては容易に認めることができよう。すなわち，ψ_σのかわりに $\partial_\sigma\chi$ を代入すると $\partial_\mu\partial_\sigma\chi$ が現れるが，添字μ,σは $\gamma^{\rho\mu\sigma}$ の中に反対称に含まれているので，縮約の結果ゼロとなる。$\bar{\psi}_\rho$ の変化についても同様のことがおこることは，部分積分によってわかる。[問題6-2：これを示せ。](8)の第2項，第3項は(6)に対して不変でないことは，同じような計算によって確かめられる。こうして，$a=-1,b=1$ えらぶことにより，ゲージ不変で，したがって質量ゼロの重力微子を記述するラグランジァンが決定された：

$$L=-\frac{1}{2}\bar{\psi}_\rho\gamma^{\rho\mu\sigma}\partial_\mu\psi_\sigma \tag{6.9}$$

これは，電磁場に関するゲージ不変なラグランジァン $-(1/4)F_{\mu\nu}F^{\mu\nu}$ に相当するものである。

場の方程式 I　(9) から場の方程式を導こう。この際に，5 節で述べたように，ψ_μ はグラスマン数であることに注意する必要がある。このような量について変分するときは，変分すべき量を一番左，または一番右へ持ってきてから，それを変分量でおきかえるという方法をとる。グラスマン数に関する左微分，または右微分の考えと一致するものであるが，その実際の計算の仕方を詳しく記してみよう。ここでは，特に左微分で一貫することにする。

まずマヨラナ条件 (3) から

$$\bar{\psi}_\mu{}^T=C^{-1}\psi_\mu \tag{6.10a}$$

さらに

$$\bar{\psi}_\mu=\psi_\mu{}^T(C^{-1})^T=-\psi_\mu{}^TC^{-1} \tag{6.10b}$$

を得る。これを (9) に代入して

$$L=\frac{1}{2}\psi_\rho{}^TC^{-1}\gamma^{\rho\mu\sigma}\partial_\mu\psi_\sigma \tag{6.11}$$

と書いておく。これの ψ_λ に関するオイラー微分：

$$\frac{\delta L}{\delta\psi_\lambda}=\frac{\partial L}{\partial\psi_\lambda}-\partial_\mu\frac{\partial L}{\partial(\partial_\mu\psi_\lambda)} \tag{6.12a}$$

を計算する。

まず，微分を含まない ψ_λ についての変分であるが，(11) では ψ_ρ はすでに一番左にあるから，

$$\frac{\partial L}{\partial\psi_\lambda}=\frac{1}{2}C^{-1}\gamma^{\lambda\mu\sigma}\partial_\mu\psi_\sigma \tag{6.12b}$$

次に微分を含んだ $\partial_\mu\psi_\sigma$ は (11) の中で一番右にあるから，これを左端まで持ってくる。この際，ψ_ρ と $\partial_\mu\psi_\sigma$ の順序を入れかえるときは，グラスマン数のために符号が変る：

$$L=-\frac{1}{2}\partial_\mu\psi_\sigma{}^T(\gamma^{\rho\mu\sigma})^T(C^{-1})^T\psi_\rho \tag{6.12c}$$

ここで

$$C^T = -C, \quad C\gamma^\lambda C^{-1} = -(\gamma^\lambda)^T \tag{6.12d}$$

によると

$$\begin{aligned} C(\gamma^{\rho\mu\sigma})^T C^{-1} &= C(\gamma^{[\rho}\gamma^\mu\gamma^{\sigma]})^T C^{-1} \\ &= C\gamma_T{}^{[\sigma}\gamma_T{}^\mu\gamma_T{}^{\rho]} C^{-1} \\ &= -\gamma^{[\sigma}\gamma^\mu\gamma^{\rho]} = -\gamma^{\sigma\mu\rho} \end{aligned} \tag{6.12e}$$

である。これを (12c) に代入すると

$$L = -\frac{1}{2}(\partial_\mu\psi_\sigma)C^{-1}\gamma^{\sigma\mu\rho}\psi_\rho \tag{6.12f}$$

この形にしておいて，$\partial_\mu\psi_\lambda$ について変分すると

$$\frac{\partial L}{\partial(\partial_\mu\psi_\lambda)} = -\frac{1}{2}C^{-1}\gamma^{\lambda\mu\rho}\psi_\rho \tag{6.12g}$$

したがって

$$-\partial_\mu\frac{\partial L}{\partial(\partial_\mu\psi_\lambda)} = \frac{1}{2}C^{-1}\gamma^{\lambda\mu\sigma}\partial_\mu\psi_\sigma \tag{6.12h}$$

となる。(12b) と (12h) を (12a) に代入すれば

$$\frac{\delta L}{\delta\psi_\lambda} = C^{-1}\gamma^{\lambda\mu\sigma}\partial_\mu\psi_\sigma \tag{6.13a}$$

となる。結局，オイラー・ラグランジュ方程式として

$$\gamma^{\lambda\mu\sigma}\partial_\mu\psi_\sigma = 0 \tag{6.13b}$$

が得られた。

これに (7a) を代入して整理すると

$$\partial\!\!\!/\psi^\lambda - \gamma^\lambda\partial_\nu\psi^\nu - (\partial^\lambda - \gamma^\lambda\partial\!\!\!/)\phi = 0 \tag{6.14a}$$

と書くことができる。ここで

$$\phi = \gamma^\sigma\psi_\sigma \tag{6.14b}$$

である。(14a) に左から γ_λ をかけると，$\gamma_\lambda\partial\!\!\!/ = 2\partial_\lambda - \partial\!\!\!/\gamma_\lambda$ を使って

$$\partial_\lambda\psi^\lambda = \partial\!\!\!/\phi \tag{6.15}$$

を得る。

ところで理論にはゲージ変換 (6) だけの不定性があるから，これを利用して

$$\partial_\lambda\psi^\lambda = 0 \tag{6.16a}$$

となるように ψ^{λ} をえらぶことができる。これは電磁気学におけるロレンツ条件に相当する。このゲージでは (15) により

$$\partial\!\!\!/\phi = 0 \tag{6.16b}$$

であるから，束縛条件として

$$\phi = 0 \tag{6.16c}$$

を課すことができる。(16a) と (16c) を (14a) に代入すると

$$\partial\!\!\!/\psi^{\lambda} = 0 \tag{6.16d}$$

を得る。これは ψ^{λ} に対するディラック方程式にほかならない。条件 (16a) と (16c) によって，スピン 1/2 の部分が消去されているのであるが，その詳細については述べない。ただ，自由度の計算を記しておこう。

(3) の次に述べたように，ψ_{μ}は 実数として 16 成分を持つ。(6) のゲージ変換はχの成分の数，すなわち 4 個が理論には関与しないとを示している。さらに条件 (16a), (16c) は，それぞれがマヨラナスピノルとしての方程式であるから，それぞれ 4 個の自由度を落とすことを意味する。こうして，残るのは $16-3\times4=4$ 成分となる。5 節でも述べたように，フェルミオンの場合，これは，真の力学的自由度は，半分の 2 であることを意味する。これはちょうどヘリシティーが $\pm3/2$ の成分に相当する。この推論は，電磁場の場合に，ヘリシティー ±1 (重力子なら ±2) の成分のみが残ることを示す際のそれと一致するものである。[問題 6-3：ϕが存在するとすれば，ゴーストとなることを示せ。]

曲がった時空　さて，いよいよラグランジァン (9) を曲がった時空にのせよう。そのためには，(i) (9) における添字を全部ラテン文字に戻し，(ii) ∂_{μ} を D_k でおきかえ，(iii) 全体に $\sqrt{-g}=b$ をかける*)：

$$\mathscr{L} = -b\frac{1}{2}\bar{\psi}_i\gamma^{ikj}D_k\psi_j \tag{6.17a}$$

ここで，$\bar{\psi}_i = b_i{}^{\rho}\bar{\psi}_{\rho}$，$\psi_j = b_j{}^{\sigma}\psi_{\sigma}$，$\gamma_m = b_m{}^{\nu}\gamma_{\nu}$，$D_k = b_k{}^{\nu}D_{\nu}$ として一般座標の添字をもつ量によって書き直してみると (17a) は

$$\mathscr{L} = -b\frac{1}{2}\bar{\psi}_{\rho}\gamma^{\rho\mu\sigma}D_{\mu}\psi_{\sigma} \tag{6.17b}$$

---

*) ここから以後は，ふたたびギリシャ添字とラテン添字の区別を厳格にする。すなわち，前者は一般座標変換に対するもの，後者は局所ロレンツ変換に関するものとする。

と書かれる。あるいは，(7c)を使い，

$$b\varepsilon^{imkj}b_i{}^{\rho}b_m{}^{\nu}b_k{}^{\mu}b_j{}^{\sigma}=\varepsilon^{\rho\nu\mu\sigma} \tag{6.17c}$$

によってレヴィ・チヴィタテンソル密度を導入すると(7c)は

$$b\gamma^{\rho\mu\sigma}=i\varepsilon^{\rho\mu\sigma\nu}\gamma_5\gamma_\nu \tag{6.17d}$$

となる。(17c)の右辺の量は0,±1という値をとる。左辺のbのない式の方が論理的であるが，そのようにして定義される量は真のテンソルで，0，または$\pm b^{-1}$である。慣用として，$\varepsilon^{\rho\mu\nu\sigma}$を$b^{-1}$のない純粋の数として用いることが多い。(17d)を(17b)に代入すると

$$\mathscr{L}=-i\frac{1}{2}\varepsilon^{\rho\nu\mu\sigma}\bar{\psi}_\rho\gamma_5\gamma_\nu D_\mu\psi_\sigma \tag{6.17e}$$

という表現を得る。ここでγ_5は，荷電共役のCと同様，xに依存しない定数行列であることを注意しておこう。

さて，共変微分D_μについてであるが，これは全共変微分

$$\mathscr{D}_\mu\psi_\sigma=D_\mu\psi_\sigma-\Gamma^\lambda{}_{\sigma\mu}\psi_\lambda \tag{6.18a}$$

とすべきようにも思われる。ここで

$$D_\mu\psi_\sigma=(\partial_\mu+\frac{1}{4}\omega^{ij}{}_{,\mu}\gamma_{ij})\psi_\sigma \tag{6.18b}$$

は，局所ロレンツ変換のみに関する共変微分である。しかし，ここでは，(18a)のΓの項を落としたものを採用することにする。実は，こうすることによってのみ，超対称性を持つ理論を作ることができるのである。

あとでみるように，ψ_μの超対称変換は，ゲージ変換(6)と類似の形をしている。この事と，マクスウェル理論において，場の強さを，ゲージ不変の要求から$\nabla_\mu A_\nu-\nabla_\nu A_\mu$ではなく，$\partial_\mu A_\nu-\partial_\nu A_\mu$とえらんだ事とは深い関連がある。

ただ，(18a)のΓの項を落とすことによって，一般座標変換に対する不変性が損なわれるのではないか，とも思われよう。しかし(17b)の形から，$D_\mu\psi_\sigma$は$\mu\sigma$について反対称化されていることがわかる。したがって，Γの項があっても，その反対称部分，すなわち捩率のみが寄与を与える。つまり

$$ib\frac{1}{4}\bar{\psi}_\rho\gamma^{\rho\mu\sigma}\psi_\lambda C^\lambda{}_{,\mu\sigma} \tag{6.19}$$

である。しかし，$C^{\lambda}{}_{,\mu\sigma}$ はテンソルであるから，この項それ自体で不変であり，これを落としても不変性に影響はない。このような議論から，重力微子のラグランジアンとして (17b) または(17e) を採用する。

場の方程式II　さて場の方程式を求めよう。これまでの議論は，荷電共役の点を別にすれば，どんな次元の時空にでも通用するものであった。しかし，この節では，以下の議論を 4 次元に限ることにする。このときには，(17e) の形をえらぶことにより，計算が著しく簡単になる。マヨラナ条件によると (17e) は

$$\mathscr{L}=i\frac{1}{2}\varepsilon^{\rho\nu\mu\sigma}\psi_\rho^T C^{-1}\gamma_5\gamma_\nu D_\mu\psi_\sigma \tag{6.20a}$$

と書くことができる。さらに，ψ_ρ と ψ_σ の位置をいれかえる。その際，グラスマン数の性質によって符号がかわる：

$$\begin{aligned}\mathscr{L}&=-i\frac{1}{2}\varepsilon^{\rho\nu\mu\sigma}\psi_\sigma{}^T(\overleftarrow{\partial}_\mu+\frac{1}{4}\omega^{ij}{}_{,\mu}\gamma_{ij}{}^T)\gamma_\nu{}^T\gamma_5(C^{-1})^T\psi_\rho\\&=i\frac{1}{2}\varepsilon^{\rho\nu\mu\sigma}\psi_\sigma{}^TC^{-1}(\overleftarrow{\partial}_\mu-\frac{1}{4}\omega^{ij}{}_{,\mu}\gamma_{ij})\gamma_5\gamma_\nu\psi_\rho\end{aligned} \tag{6.20b}$$

そこで，(20a) の形で ψ_ρ を左変分した項と，(20b)の形で ψ_σ を左変分した項をたして

$$\frac{\partial\mathscr{L}}{\partial\psi_\lambda}=i\frac{1}{2}C^{-1}\gamma_5\varepsilon^{\lambda\nu\mu\sigma}(\gamma_\nu D_\mu+\frac{1}{4}\omega^{ij}{}_{,\mu}\gamma_{ij}\gamma_\nu)\psi_\sigma \tag{6.21}$$

を得る。次に，(20b) の形から

$$\frac{\partial\mathscr{L}}{\partial(\partial_\mu\psi_\lambda)}=-i\frac{1}{2}C^{-1}\gamma_5\varepsilon^{\lambda\nu\mu\sigma}\gamma_\nu\psi_\sigma \tag{6.22a}$$

$$-\partial_\mu\frac{\partial\mathscr{L}}{\partial(\partial_\mu\psi_\lambda)}=i\frac{1}{2}C^{-1}\gamma_5\varepsilon^{\lambda\nu\mu\sigma}[\gamma_\nu\partial_\mu\psi_\sigma+(\partial_\mu\gamma_\nu)\psi_\sigma] \tag{6.22b}$$

となる。ここで，

$$\partial_\mu\gamma_\nu=(\partial_\mu b^k{}_\nu)\gamma_k \tag{6.22c}$$

を代入すると

$$\begin{aligned}\frac{\delta\mathscr{L}}{\delta\psi^\lambda}=i\frac{1}{2}C^{-1}\gamma_5\varepsilon^{\lambda\nu\mu\sigma}[&\gamma_\nu D_\mu\psi_\sigma\\&+(\gamma_\nu\partial_\mu+\frac{1}{4}\omega^{ij}{}_{,\mu}\gamma_{ij}\gamma_\nu)\psi_\sigma+(\partial_\mu b^k{}_\nu)\gamma_k\psi_\sigma]\end{aligned} \tag{6.22d}$$

を得る。$\omega^{ij}{}_{,\nu}$ の項において

$$\gamma_{ij}\gamma_\nu = \gamma_\nu\gamma_{ij} - 2(b_{i\nu}\gamma_j - b_{j\nu}\gamma_i) \tag{6.22e}$$

と書くと

$$\varepsilon^{\lambda\nu\mu\sigma}\frac{1}{4}\omega^{ij}{}_{,\mu}\gamma_{ij}\gamma_\nu\psi_\sigma = \varepsilon^{\lambda\nu\mu\sigma}\left(\frac{1}{4}\gamma_\nu\omega^{ij}{}_{,\mu}\gamma_{ij} + \omega^{ij}{}_{,\mu}b_{j\nu}\gamma_i\right)\psi_\sigma \tag{6.22f}$$

となる。右辺の第 1 項は，(22d) の中の $\partial_\mu\psi_\sigma$ といっしょになって $\varepsilon^{\lambda\nu\mu\sigma}\gamma_\nu D_\mu\psi_\rho$ となり，(22d) の第 1 項と同じになる。一方，(22f) の第 2 項は (22d) の最後の項と合わさって

$$\begin{aligned}&\varepsilon^{\lambda\nu\mu\sigma}(\partial_\mu b_\nu{}^k + \omega^{kj}{}_{,\mu}b_{j\nu})\gamma_k\psi_\sigma\\ &= \varepsilon^{\lambda\nu\mu\sigma}(D_\mu b^k{}_\nu)\gamma_k\psi_\sigma = -\frac{1}{2}\varepsilon^{\lambda\nu\mu\sigma}C^\rho{}_{,\mu\nu}\gamma_\rho\psi_\sigma\end{aligned} \tag{6.22g}$$

となる。これらを (22d) の右辺に代入すると，結局

$$\frac{\delta\mathscr{L}}{\delta\psi_\lambda} = C^{-1}\gamma_5\Psi^\lambda \tag{6.23a}$$

の形となる。ここで

$$\Psi^\lambda = i\varepsilon^{\lambda\nu\mu\sigma}\left(\gamma_\nu D_\mu\psi_\sigma + \frac{1}{4}C^\rho{}_{,\nu\mu}\gamma_\rho\psi_\sigma\right) \tag{6.23b}$$

である。重力微子の場の方程式は

$$\Psi^\lambda = 0 \tag{6.23c}$$

で与えられる。

エネルギー・運動量テンソルとスピン密度　次に (17e) を $b_k{}^\lambda$ について変分して，重力微子のエネルギー・運動量テンソルを求める。ここでは，1 階方式を用い，スピン接続については別に独立な変分をとる。(17e) の中で四脚場が含まれているのは，$\gamma_\nu = b^i{}_\mu\gamma_i$ だけであるから（ψ_i でなく，ψ_σを を独立な場と考えているので），

$$\frac{\partial\gamma_\mu}{\partial b_k{}^\lambda} = \frac{\partial b^i{}_\nu}{\partial b_k{}^\lambda}\gamma_i = -b^k{}_\nu\gamma_\lambda \tag{6.24a}$$

であり，これを使って

$$bT^k{}_\lambda = -\frac{\partial\mathscr{L}}{\partial b_k{}^\lambda} = -i\frac{1}{2}\varepsilon^{\rho\nu\mu\sigma}b^k{}_\nu\bar{\psi}_\rho\gamma_5\gamma_\lambda D_\mu\psi_\sigma \tag{6.24b}$$

を得る。

次に $\omega^{ij}{}_{,\mu}$ について変分して，スピン密度を求める：

$$bS^{\mu}{}_{,ij}=-\frac{\partial\mathscr{L}}{\partial\omega^{ij}{}_{,\mu}}=i\frac{1}{4}\varepsilon^{\rho\lambda\mu\sigma}\bar{\psi}_{\rho}\gamma_5\gamma_{\lambda}\gamma_{ij}\psi_{\sigma} \tag{6.25}$$

ところで γ 行列，またはその積を一般に Ω と書いておくと

$$\begin{aligned}\bar{\psi}_{\rho}\Omega\psi_{\sigma}&=-\psi_{\rho}{}^{T}C^{-1}\Omega\psi_{\sigma}=\psi_{\sigma}{}^{T}\Omega^{T}(C^{-1})^{T}\psi_{\rho}\\&=-\psi_{\sigma}{}^{T}\Omega^{T}C^{-1}\psi_{\rho}=-\psi_{\sigma}{}^{T}C^{-1}C\Omega^{T}C^{-1}\psi_{\rho}\\&=\bar{\psi}_{\rho}C\Omega^{T}C^{-1}\psi_{\rho}\end{aligned} \tag{6.26}$$

である。これを (25) の右辺に用いると

$$\begin{aligned}\bar{\psi}_{\rho}\gamma_5\gamma_{\lambda}\gamma_{ij}\psi_{\sigma}&=\bar{\psi}_{\sigma}C(\gamma_{ij}{}^{T}\gamma_{\lambda}{}^{T}\gamma_5)C^{-1}\psi_{\rho}\\&=\bar{\psi}_{\sigma}\gamma_{ij}\gamma_{\lambda}\gamma_5\psi_{\rho}=-\bar{\psi}_{\sigma}\gamma_5\gamma_{ij}\gamma_{\lambda}\gamma_{\rho}\end{aligned} \tag{6.27}$$

したがって

$$\begin{aligned}bS^{\lambda}{}_{,ij}&=i\frac{1}{8}\varepsilon^{\rho\lambda\mu\sigma}(\bar{\psi}_{\rho}\gamma_5\gamma_{\lambda}\gamma_{ij}\psi_{\sigma}-\bar{\psi}_{\sigma}\gamma_5\gamma_{ij}\gamma_{\lambda}\psi_{\rho})\\&=i\frac{1}{8}\varepsilon^{\rho\lambda\mu\sigma}\psi_{\rho}\gamma_5\{\gamma_{ij,}\gamma_{\lambda}\}\psi_{\sigma}\end{aligned} \tag{6.28a}$$

これに $b^{k}{}_{\lambda}$ をかけ，$\psi_{\sigma}=b^{n}{}_{\sigma}\psi_{n}$ などとすると

$$bS^{k}{}_{,ij}=i\frac{1}{8}b^{m}{}_{\rho}b^{p}{}_{\lambda}b^{k}{}_{\mu}b^{n}{}_{\sigma}\varepsilon^{\rho\lambda\mu\sigma}\bar{\psi}_{m}\gamma_5\{\gamma_{ij,}\gamma_{p}\}\psi_{n} \tag{6.28b}$$

を得る。ここで (17c) と同様な関係

$$b^{m}{}_{\rho}b^{p}{}_{\lambda}b^{k}{}_{\mu}b^{n}{}_{\sigma}\varepsilon^{\rho\lambda\mu\sigma}=b\varepsilon^{mpkn} \tag{6.28c}$$

および

$$\gamma_5\{\gamma_{ij,}\gamma_{p}\}=2i\varepsilon_{ijpq}\gamma^{q} \tag{6.28d}$$

を使う。さらに

$$\varepsilon^{mknp}\varepsilon_{ijqp}=-6\delta^{m}_{[i}\delta^{k}_{j}\delta^{n}_{q]} \tag{6.28e}$$

を使うと，結局

$$S^{k}{}_{,ij}=\frac{1}{2}(\bar{\psi}_{i}\gamma^{k}\psi_{j}+\delta^{k}_{i}\bar{\psi}_{j}\gamma^{m}\psi_{m}-\delta^{k}_{j}\bar{\psi}_{i}\gamma^{m}\psi_{m}) \tag{6.28f}$$

が得られる。ここで (26) の例として

$$\bar{\psi}_{i}\gamma^{k}\psi_{j}=-\bar{\psi}_{j}\gamma^{k}\psi_{i},\quad \bar{\psi}_{j}\gamma^{m}\psi_{m}=-\bar{\psi}_{m}\gamma^{m}\psi_{j} \tag{6.28g}$$

などを用いた。

(28f)より

$$S^{k}{}_{,kj}=-\bar{\psi}_m\gamma^m\psi_j \tag{6.29a}$$

が得られ，さらに(3.9g)に代入すると

$$C^{k}{}_{,ij}=-\frac{1}{2}\bar{\psi}_i\gamma^k\psi_j \tag{6.29b}$$

を得る。こうして重力微子場が捩率を与えることがわかった。

7節　超重力理論

ラグランジァンと場の方程式　前の節で作った重力微子のラグランジァン(6.17e)と，アインシュタイン・ヒルベルトラグランジァン(1.32)とをたして全ラグランジァンとする：

$$\mathscr{L}=\frac{1}{2}bR-i\frac{1}{2}\varepsilon^{\rho\nu\mu\sigma}\bar{\psi}_\rho\gamma_5\gamma_\nu D_\mu\psi_\sigma \tag{7.1}$$

(3.7),(3.9a),(6.28f),(6.23a)をふたたび記すと

$$\frac{\delta\mathscr{L}}{\delta b_k{}^\mu}=b(G^k{}_\mu-T^k{}_\mu) \tag{7.2a}$$

$$\frac{\delta\mathscr{L}}{\delta\omega^{ij}{}_{,\mu}}=-\frac{1}{2}b[(C^\mu{}_{,ij}+b_i{}^\mu C_j-b_j{}^\mu C_i)$$

$$+\frac{1}{2}(\bar{\psi}_i\gamma^\mu\psi_j+b_i{}^\mu\bar{\psi}_j\gamma^k\psi_k-b_j{}^\mu\bar{\psi}_i\gamma^k\psi_k)] \tag{7.2b}$$

$$\frac{\delta\mathscr{L}}{\delta\psi_\lambda}=C^{-1}\gamma_5\Psi^\lambda \tag{7.2c}$$

となる。これらをゼロとおいたものが場の方程式を与える。

超対称変換がどんなものか，これから見つけようとするのであるが，それらをとにかく $\delta b_k{}^\mu$, $\delta\omega^{ij}{}_{,\mu}$, $\delta\psi_\lambda$ と書くと，全ラグランジァンの変化は

$$\delta\mathscr{L}=\frac{\delta\mathscr{L}}{\delta b_k{}^\mu}\delta b_k{}^\mu+\frac{\delta\mathscr{L}}{\delta\omega^{ij}{}_{,\mu}}\delta\omega^{ij}{}_{,\mu}+\delta\psi^T{}_\lambda\frac{\delta\mathscr{L}}{\delta\psi_\lambda} \tag{7.3}$$

と表せる。もちろん ψ_λ に関する変分は左変分である。この $\delta\dot{\mathscr{L}}$ がゼロ，または4次元発散になるように $\delta b_k{}^\mu$ などを決定したいのである。

重力微子場の超対称変換　最初のヒントとして，ミンコフスキー時空における重力微子の理論は，ゲージ変換(6.6)

$$\delta\psi_\mu=\partial_\mu\chi \tag{7.4a}$$

に対して不変であったことをおもい出そう。変換のパラメターχはマヨナラスピノルであるから，これはすでに超対称変換である。しかも，明らかに局所変換である。そこで，微分を共変微分によっておきかえ

$$\delta\psi_\lambda = 2D_\lambda\varepsilon(x) = 2(\partial_\lambda + \frac{1}{4}\omega^{ij}{}_{,\lambda}\gamma_{ij})\varepsilon \tag{7.4b}$$

をもって ψ_λ に対する超対称変換としてみよう。ここでもちろん，εは局所的なマヨラナスピノルである。(2c) と組み合わせると，(3) の第 3 項として

$$\delta\psi_\lambda^T \frac{\delta\mathscr{L}}{\delta\psi_\lambda} = 2\varepsilon^T(\overleftarrow{\partial}_\lambda + \frac{1}{4}\omega^{ij}{}_{,\lambda}\gamma_{ij}{}^T)C^{-1}\gamma_5\Psi^\lambda \tag{7.5a}$$

を得る。C^{-1} を左側まで移動し，さらに部分積分を行うと

$$\delta\psi_\lambda{}^T \frac{\delta\mathscr{L}}{\delta\psi_\lambda} \overset{\bigtriangledown}{=} 2\bar{\varepsilon}\gamma_5 D_\lambda \Psi^\lambda \tag{7.5b}$$

となる（▽は，4 次元発散を別にして成り立つ等号であることを示す。9 ページの脚注参照)。ここで，(6.23b) によると

$$D_\lambda\Psi^\lambda = i\varepsilon^{\lambda\mu\nu\sigma}[D_\lambda(\gamma_\mu D_\nu\psi_\sigma) + \frac{1}{4}D_\lambda(C^\rho{}_{,\mu\nu}\gamma_\rho\psi_\sigma)] \tag{7.5c}$$

であるが，これが

$$D_\lambda\Psi^\lambda = \frac{1}{2}bG^\sigma{}_\nu\gamma_5\gamma^\nu\psi_\sigma + i\frac{1}{4}\varepsilon^{\lambda\mu\nu\sigma}C^\rho{}_{,\mu\lambda}\gamma_\rho D_\nu\psi_\sigma \tag{7.5d}$$

という形に書きかえることができることを示す。

まず

$$\begin{aligned} A_1 &\equiv i\varepsilon^{\lambda\mu\nu\sigma}[(D_\lambda\gamma_\mu) + \gamma_\mu D_\lambda]D_\nu\psi_\sigma \\ &= i\frac{1}{2}\varepsilon^{\lambda\mu\nu\sigma}\{2D_{[\lambda}b^k{}_{\mu]}\gamma_k D_\nu\psi_\sigma + \gamma_\mu[D_\lambda, D_\nu]\psi_\sigma\} \\ &= -i\frac{1}{2}\varepsilon^{\lambda\mu\nu\sigma}C^\rho{}_{,\lambda\mu}\gamma_\rho D_\nu\psi_\sigma + i\frac{1}{8}\varepsilon^{\lambda\mu\nu\sigma}\gamma_\mu R^{ij}{}_{,\lambda\nu}\gamma_{ij}\psi_\sigma \end{aligned} \tag{7.6}$$

最後の行への変形においては，(2.22b) および (2.30a) を使った。最後の行を $A_{11} + A_{12}$ と書くことにする。

次に (5c) の第 2 項をみる。まず

$$D_\lambda(C^\rho{}_{,\mu\nu}\gamma_\rho\psi_\sigma) = [D_\lambda(C^\rho{}_{,\mu\nu}\gamma_\rho)]\psi_\sigma + C^\rho{}_{,\mu\nu}\gamma_\rho(D_\lambda\psi_\sigma) \tag{7.7}$$

これに $i(1/4)\varepsilon^{\lambda\mu\nu\sigma}$ をかけたものを $A_{21} + A_{22}$ と記そう。直ちにわかるように

$$A_{11}+A_{22}=i\frac{1}{4}\varepsilon^{\lambda\mu\nu\sigma}C^{\rho}{}_{,\mu\lambda}\gamma_{\rho}D_{\nu}\psi_{\sigma} \tag{7.8a}$$

である。また A_{12} において

$$\begin{aligned}\gamma_{\mu}\gamma_{ij}&=\frac{1}{2}[\gamma_{\mu},\gamma_{ij}]+\frac{1}{2}\{\gamma_{\mu},\gamma_{ij}\}\\&=-(b_{i\mu}\gamma_{j}-b_{j\mu}\gamma_{i})-i\varepsilon_{ijkl}\gamma_{5}\gamma^{l}b^{k}{}_{\mu}\end{aligned} \tag{7.8b}$$

を使うと

$$A_{12}=i\frac{1}{4}\varepsilon^{\lambda\mu\nu\sigma}R_{\mu\rho,\lambda\nu}\gamma^{\rho}\psi_{\sigma}-\frac{1}{8}\varepsilon_{ijkl}b^{k}{}_{\mu}\varepsilon^{\lambda\mu\nu\sigma}\gamma_{5}\gamma^{l}R^{ij}{}_{,\lambda\nu}\psi_{\sigma} \tag{7.8c}$$

となる。この第1項は，リーマンテンソルの巡回恒等式(1.19b)によって

$$-i\frac{1}{4}\varepsilon^{\lambda\mu\nu\sigma}(D_{\mu}C^{i}{}_{,\nu\lambda})\gamma_{i}\psi_{\sigma} \tag{7.9a}$$

となり，これはちょうど A_{21} を打ち消す。(8c)の第2項の $\varepsilon b\varepsilon$ には

$$\varepsilon_{ijkl}b^{k}{}_{\mu}\varepsilon^{\lambda\nu\sigma\mu}=6bb_{[i}{}^{\lambda}b_{j}{}^{\nu}b_{l]}{}^{\sigma} \tag{7.9b}$$

を使って計算するとアインシュタインテンソル $G^{\sigma}{}_{\nu}$ が現れる。結局

$$A_{12}+A_{21}=\frac{1}{2}bG^{\sigma}{}_{\nu}\gamma_{5}\gamma^{\nu}\psi_{\sigma} \tag{7.9c}$$

を得る。こうして(5c)は(8a)と(9c)との和となり，(5d)が導かれた。

四脚場の超対称変換　さて(3)の第1項において，$\delta\mathscr{L}_{G}/\delta b_{k}{}^{\mu}=bG^{k}{}_{\mu}$ であるから，これに $\delta b_{k}{}^{\mu}$ をかけたものが，ちょうど(5d)の第1項からの寄与を打ち消すことを望んでみよう。そのためには

$$\delta b_{k}{}^{\mu}=-(\bar{\varepsilon}\gamma^{\mu}\psi_{k}) \tag{7.10a}$$

とおけばよいことがわかる。$(\bar{\varepsilon}\gamma_{k}\psi^{\mu})$ ではないことに注意しておこう。また(10a)からは

$$\delta b^{k}{}_{\mu}=(\bar{\varepsilon}\gamma^{k}\psi_{\mu}) \tag{7.10b}$$

であることが導かれる。[問題7-1：これを示せ]

一般に，ラグランジァンの不変性を調べる場合には，運動方程式，または場の方程式を使ってはならない。しかし，3節で説明した1.5階方式を用いようとすると，事情はすこし異なる。すなわち，(2b)をゼロとおいたものは，たしかに場の方程式

ではあるが，これはスピン接続を与えるものであって，対称性とは関係がない。したがって，(3)の中で第2項をゼロとおいても不変性の議論には影響を与えない。実際，2階方式ではこれに相当する項は存在しないのである。この意味で(3)は，4次元発散を別にして

$$\begin{aligned}\delta\mathscr{L}\stackrel{\nabla}{=}&-b(\bar{\varepsilon}\gamma^{\mu}\psi_k)(G^k{}_{\mu}-T^k{}_{\mu})\\&+2\bar{\varepsilon}\gamma_5\Big(\frac{1}{2}bG^{\sigma}{}_{\nu}\gamma_5\gamma^{\nu}\psi_{\sigma}+i\frac{1}{4}\varepsilon^{\lambda\mu\nu\sigma}C^{\rho}{}_{,\mu\lambda}\gamma_{\rho}D_{\nu}\psi_{\sigma}\Big)\end{aligned}\tag{7.11}$$

となる。ここで第1行第1項と第2行第1項とが打ち消すのは意図した通りである。また，場の方程式(2b)=0を使うのであるから(6.29b)を代入することができ，さらに(6.24b)を代入すると

$$\delta\mathscr{L}=i\frac{1}{2}\bar{\varepsilon}\gamma_5\varepsilon^{\rho\sigma\lambda\mu}\Big[\gamma_5\gamma^{\nu}\psi_{\sigma}(\bar{\psi}_{\rho}\gamma_5\gamma_{\nu}D_{\lambda}\psi_{\mu})-\frac{1}{2}\gamma_{\nu}D_{\lambda}\psi_{\mu}(\bar{\psi}_{\rho}\gamma^{\nu}\psi_{\sigma})\Big]\tag{7.12}$$

を得る。この右辺の［　］の中が，フィアツ変換によってゼロとなることを以下に示す。

まず(12)の［　］の中の第1項に注目する。付録Eの(E.8)において $\bar{a}=\bar{\psi}_{\rho}, b=\gamma_5\gamma_{\nu}D_{\lambda}\psi_{\mu}$, $d=\gamma_5\gamma^{\nu}\psi_{\sigma}$ を代入する。なお，常に $\varepsilon^{\rho\sigma\lambda\mu}$ がかかっているので，$\rho\sigma$ について反対称部分をとることにすると

$$\begin{aligned}\gamma_5\gamma^{\nu}\underbrace{\psi_{\sigma}(\bar{\psi}_{\rho}}\gamma_5\gamma_{\nu}D_{\lambda}\psi_{\mu})=&-\frac{1}{4}(A_S+A_V\gamma_{\tau}\\&-\frac{1}{2}A_T\gamma_{\tau\theta}-A_A\gamma_5\gamma_{\tau}+A_P\gamma_5)\gamma_5\gamma_{\nu}D_{\lambda}\psi_{\mu}\end{aligned}\tag{7.13a}$$

の形となる。ここで

$$\begin{aligned}A_S&=\underbrace{\bar{\psi}_{\rho}\gamma_5\gamma^{\nu}\psi_{\sigma}}\\A_V&=\underbrace{\bar{\psi}_{\rho}\gamma^{\tau}\gamma_5\gamma^{\nu}\psi_{\sigma}}=-\underbrace{\bar{\psi}_{\rho}\gamma_5\gamma^{\tau}\gamma^{\nu}\psi_{\sigma}}\\A_T&=-i\underbrace{\bar{\psi}_{\rho}\gamma^{\tau\theta}\gamma_5\gamma^{\nu}\psi_{\sigma}}=-i\underbrace{\bar{\psi}_{\rho}\gamma_5\gamma^{\tau\theta}\gamma^{\nu}\psi_{\sigma}}\\A_A&=\underbrace{\bar{\psi}_{\rho}\gamma_5\gamma^{\tau}\gamma_5\gamma^{\nu}\psi_{\sigma}}=-\underbrace{\bar{\psi}_{\rho}\gamma^{\tau}\gamma^{\nu}\psi_{\sigma}}\\A_P&=\underbrace{\bar{\psi}_{\rho}\gamma_5\gamma_5\gamma^{\nu}\psi_{\sigma}}=\underbrace{\bar{\psi}_{\rho}\gamma^{\nu}\psi_{\sigma}}\end{aligned}\tag{7.13b}$$

である。さらに ψ_{ρ} がマヨラナ場であることを考慮すると

$$\begin{aligned}&A_S=0,\quad A_V=\bar{\psi}_{\rho}\gamma_5\gamma^{\nu\tau}\psi_{\sigma}\\&A_T=-i\varepsilon^{\tau\theta\nu\kappa}\bar{\psi}_{\rho}\gamma_{\kappa}\psi_{\sigma},\quad A_A=\bar{\psi}_{\rho}\gamma^{\nu\tau}\psi_{\sigma}\end{aligned}\tag{7.14}$$

となる。［問題7-2：これを示せ］これらを(13a)に代入して整理すると

$$(13\mathrm{a})=\frac{1}{2}A_{P}\gamma_{\nu}D_{\lambda}\psi_{\mu}=\frac{1}{2}(\bar{\psi}_{\rho}\gamma^{\nu}\psi_{\sigma})\gamma_{\nu}D_{\lambda}\psi_{\mu} \tag{7.15}$$

が得られ［問題7-3：これを示せ］，結局(12)=0が結論された。すなわち，超対称変換(4b),(10a)に対して(1)は，4次元発散を別にして不変であることが確かめられた。

こうして，アインシュタインの重力場と重力微子とが超対称二重項をなす超重力理論を構成することができた。重力子と重力微子とはスピンが1/2だけちがい，また，超対称変換パラメターεもただ一種類であるので，これは5節の終り近くで述べた$N=1$超重力理論，あるいは単純超重力理論とも呼ばれる。このような理論が作られたこと自体，驚くべき成果であるが，これ以後，どのような発展が続いたか，かいつまんで記しておこう。

その後の発展　(i)物質との結合。一般相対論の立場から言えば重力微子は物質である。しかし，超重力理論の立場では，これは，アインシュタイン重力場の超対称パートナーという意味で，重力の一部である。現実の世界の大部分を作るクォークやレプトン，あるいは光子といったものは，この超重力に対する物質である。これらもまた，超対称性を持つものであろう。この方向で，$N=1$超カイラル多重項や超マクスウェル多重項を単純超重力理論に結合させる理論が作られた。これが最も現実的な路線である。とはいえ，技術的には非常に複雑な過程をふまなければならない。

(ii)超対称換のパラメターをN種類にふやした拡張超重力理論。Nのいくつか

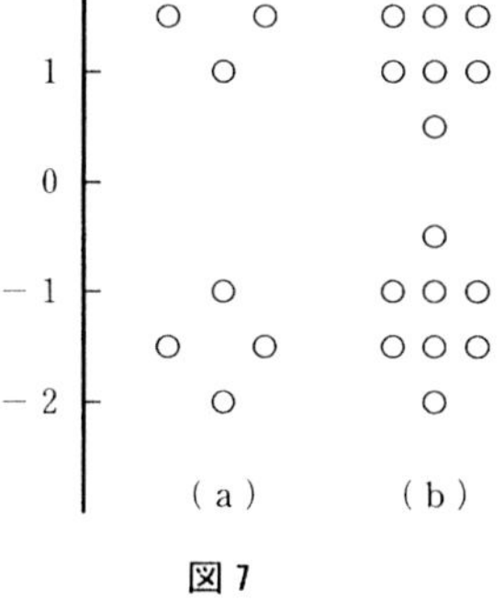

図7

の値について，具体的に理論が構成された。しかし，この節で説明した方法を拡張して，実際にラグランジァンや，それを不変にする超対称変換を書き表すには，極めて複雑で長大な計算を要する。ここでは，超対称多重項の構造を簡単に見ておくにとどめる。$N=2$ の理論で，最高のスピンは重力子の2であるとしてみよう。図5-c に相当するのは図7-a である（前ページ参照）。すなわち，超対称多重項は，1個の重力子，2個の重力微子，および1個のベクトル場からなる。このベクトル場を電磁場と考えることができる。

$N=3$ にすると，図7-b のようになる。この場合，スピン 1/2 の場が含まれる。つまり，スピノル場もゲージ場の一部として現れるという，まさに夢のような理論が出現したのである。N をさらに大きくすると，スピン0の場合も含まれるようになるが，$N=8$ がひとつの限界と考えられる。その理由は次のとおりである。

ヘリシティー2の重力場に，ヘリシティーを 1/2 下げる超対称変換の演算子を8回作用させると，ヘリシティーが -2 の状態に達する。これはやはり重力場に対応する。もし $N \geqq 9$ とすると，ヘリシティー $-5/2$ の状態が現れ，したがって，スピン5/2の場が含まれなければならない。ところが，スピンが 5/2，またはそれ以上の粒子を，相互作用まで含めて矛盾なく記述する場の理論は存在しないのではないか，と考えられている。矛盾のない理論という意味については，この節の最後の部分を見ていただきたい。この意味で，スピンの値は2を越えてはならないと要請するならば，N は最高8であるということになる。この「最大限に拡張された超重力理論」は，1個の重力子，8個の重力微子，${}_8C_2=28$ 個のベクトル場，${}_8C_3=56$ 個のマヨラナスピノル場，${}_8C_4=70$ 個のスカラー場および擬スカラー場からなる超対称多重項を持つことがわかる。これだけ多数の場があれば，すべての，いわゆる物質をこれに含ませることができ，したがって超重力理論の立場からいえば，物質なしの純粋の超重力だけで自然を記述することが可能のように思われる。これはまさに，統一理論の目標である。この意味で，$N=8$ の拡張超重力理論には非常に大きな期待が寄せられたのであったが，残念なことに，もっと詳細な点をみると，現実と一致しない点が幾つも指摘されるに至った。それにもかかわらず，この理論が統一理論の試みに与えた影響の強さは，まことに計りしれないということができよう。また，この理論は，多次元理論の立場からみなおすと，あらたな意味を持つことがわかった。これについては，あとで詳しく説明する予定である。

(iii) 重力微子は存在するか。既に述べたように，超対称性は現実の世界ではいくぶんこわされている。このとき，ヒグス機構に類似な「超ヒグス機構」がはたらき，重力微子は質量を持つこととなる。その質量は，$100\mathrm{GeV}/c^2$ の程度と考えられており，光微子とともに，実験的発見が待たれている。また，宇宙における「暗黒物質」の候補でもある。

無矛盾性　この節の最後に，単純超重力理論の無矛盾性について説明しておこう。重力微子場の方程式は

$$\Psi^\lambda=0 \tag{7.16}$$

であるが，これに D_λ をかけたとき，当然ゼロとならなければならない。ところが，$D_\lambda\Psi^\lambda$ を，他の方程式を使って計算すると，必ずしもゼロとなる保証はないのである。今の場合，これはまず (5c) となる。さらにこれは，(6) から (9) までの計算の結果，(5d) となった。この第1項の $G^\sigma{}_\nu$ に，場の方程式 (2a)=0 の結果として $T^\sigma{}_\nu$ を代入する。さらに，$T^\sigma{}_\nu$，$C^\rho{}_{,\mu\lambda}$ に (6.24b),(6.29b) を使って，フィアツ変換を行うと，(12)=0 の証明と全く同じ内容で

$$D_\lambda\Psi^\lambda=0 \tag{7.17}$$

が導かれたのである。この意味で，この無矛盾性は超対称性の結果であるということができる。この無矛盾性が，決して自明なものではないことを，もっと簡単な例で示しておこう。

平らなミンコフスキー時空で，電荷を持ったラリタ・シュウィンガー場が電磁場と相互作用している模型を考えてみる。ψ_ρ は複素場であって，マヨラナ条件はみたさない。ラグランジャンは (6.17e) に似ているが，1/2 はない。また微分 ∂_ν を電磁的共変微分 $\partial_\nu-ieA_\nu$ でおきかえる（e は電荷）*)：

$$\mathscr{L}=-i\varepsilon^{\rho\mu\nu\sigma}\bar{\psi}_\rho\gamma_5\gamma_\mu(\partial_\nu-ieA_\nu)\psi_\sigma \tag{7.18}$$

これがエルミートであることは，すぐ確かめられる。(18) を $\bar{\psi}_\lambda$ について変分すると

$$-i\varepsilon^{\lambda\mu\nu\sigma}\gamma_5\gamma_\mu(\partial_\nu-ieA_\nu)\psi_\sigma\equiv\Phi^\lambda=0 \tag{7.19a}$$

となる。これについて，ゲージ不変な共変発散を作ってみると

$$(\partial_\lambda-ieA_\lambda)\Phi^\lambda=-i\varepsilon^{\lambda\mu\nu\sigma}\gamma_5\gamma_\mu(\partial_\lambda-ieA_\lambda)(\partial_\nu-ieA_\nu)\psi_\sigma \tag{7.19b}$$

となる。$\varepsilon^{\lambda\mu\nu\sigma}$ の中で，λ と ν は反対称にはいっているので

*）　この節，ここから後では，計量はミンコフスキー計量 $\eta_{\mu\nu}$，γ_μ は定数行列である。

$$(19b) = -i\frac{1}{2}\varepsilon^{\lambda\mu\nu\sigma}\gamma_5\gamma_\mu[\partial_\lambda - ieA_\lambda, \partial_\nu - ieA_\nu]\psi_\sigma$$
$$= \frac{1}{2}eF_{\lambda\nu}\varepsilon^{\lambda\nu\mu\sigma}\gamma_5\gamma_\mu\psi_\sigma \quad (7.19c)$$

となり，これはゼロでなく(19a)と矛盾する。これがスピン3/2の場の電磁相互作用について，古くから知られていた困難であった。

この節での重力微子は中性の場であり，上の問題を直接解決するものではない。しかし，重力相互作用に関しても同種の矛盾が生じる可能性があることは明らかであり，(17)は，こういう問題が生じないことを積極的に示しているのである。

矛盾を含まない電磁相互作用は，$N=2$ の超重力理論において作ることができるが，今その詳細には立ち入らない。

8節　超対称代数の閉包性と補助場

局所超対称性を持つ理論を作る際に一つのヒントになったのは，超対称代数であった。すなわち，大域的超対称変換に対する(5.12a)

$$[\delta_1, \delta_2] = 2i\xi^\mu P_\mu \quad (8.1)$$

を，局所的変換に拡張すれば，右辺に一般座標変換が現れるであろう，という予想があった。できあがった超重力理論が，果たして期待された代数を導くかどうかは，改めて試してみなければならない。

四脚場に対する超対称変換の繰り返し　まず，四脚場に対する超対称変換(7.10b)を調べてみよう。第1の超対称変換により

$$\delta_1 b^k{}_\mu = (\bar{\varepsilon}_1\gamma^k\psi_\mu) \quad (8.2a)$$

これに，第2の超対称変換を施すと

$$\delta_2\delta_1 b^k{}_\mu = (\bar{\varepsilon}_1\gamma^k\delta_2\psi_\mu)$$
$$= 2(\bar{\varepsilon}_1\gamma^k D_\mu\varepsilon_2) \quad (8.2b)$$

となる。ここで，重力微子に対する超対称変換(7.4b)を代入した。これより

$$[\delta_1, \delta_2] b^k{}_\mu = 2[(\bar{\varepsilon}_2\gamma^k D_\mu\varepsilon_1) - (\bar{\varepsilon}_1\gamma^k D_\mu\varepsilon_2)]$$
$$= 2D_\mu\xi^k \quad (8.2c)$$

となる。ここで

$$\xi^k \equiv (\bar{\varepsilon}_2\gamma^k\varepsilon_1) \quad (8.2d)$$

は，前の(5.11b)と同じである。(2c)の右辺を，一般座標変換が見えてくるように書き直す。そのために

$$x^{\mu}\to x'^{\mu}=x^{\mu}-\xi^{\mu} \tag{8.3a}$$

$$\xi^{\mu}=b_{k}{}^{\mu}\xi^{k} \tag{8.3b}$$

という一般座標変換を考える。これに対して四脚場は

$$\begin{aligned} b'^{k}{}_{\mu}(x') &= \frac{\partial x^{\nu}}{\partial x'^{\mu}} b^{k}{}_{\nu}(x) \\ &= b^{k}{}_{\mu}(x)+(\partial_{\mu}\xi^{\nu})b^{k}{}_{\nu} \end{aligned} \tag{8.3c}$$

という変換を受ける。したがって，無限小一般座標変換に対する $b^{k}{}_{\mu}$ のリー微分は

$$\begin{aligned} \delta_{G}^{*}b^{k}{}_{\mu} &= b'^{k}{}_{\mu}(x')-b^{k}{}_{\mu}(x') \\ &= (\partial_{\mu}\xi^{\nu})b^{k}{}_{\nu}+\xi^{\nu}(\partial_{\nu}b^{k}{}_{\mu}) \end{aligned} \tag{8.3d}$$

で与えられる。一方

$$\begin{aligned} D_{\mu}\xi^{k} &= \mathscr{D}_{\mu}\xi^{k}=\mathscr{D}_{\mu}(b^{k}{}_{\nu}\xi^{\nu})=b^{k}{}_{\nu}(\mathscr{D}_{\mu}\xi^{\nu}) \\ &= b^{k}{}_{\nu}(\nabla_{\mu}\xi^{\nu}) \\ &= b^{k}{}_{\nu}(\partial_{\mu}\xi^{\nu}+\Gamma^{\nu}{}_{\lambda\mu}\xi^{\lambda}) \\ &= \delta_{G}^{*}b^{k}{}_{\mu}-\xi^{\nu}(\partial_{\nu}b^{k}{}_{\mu}-\Gamma^{\lambda}{}_{\nu\mu}b^{k}{}_{\lambda}) \end{aligned} \tag{8.4a}$$

となる。最後の行へゆくときに(3d)を使った。ここで(2.23a)によると

$$\partial_{\nu}b^{k}{}_{\mu}=\omega^{kl}{}_{,\nu}b_{l\mu}+\Gamma^{\lambda}{}_{\mu\nu}b^{k}{}_{\lambda} \tag{8.4b}$$

である。これを(4a)の最後の行に代入すると

$$D_{\mu}\xi^{k}=\delta_{G}^{*}b^{k}{}_{\mu}+\xi^{\nu}\omega^{kl}{}_{,\nu}b_{l\mu}-\xi^{\nu}C^{\lambda}{}_{,\mu\nu}b^{k}{}_{\lambda} \tag{8.4c}$$

が得られる。この各項は，次のように解釈される。

場に依存する変換　(4c)の右辺第1項は，言うまでもなく，四脚場の一般座標変換である。第2項において

$$\tilde{\varepsilon}^{kl}=\xi^{\nu}\omega^{kl}{}_{,\nu}=-\tilde{\varepsilon}^{lk} \tag{8.5a}$$

と書くと，(4c)の第2項は

$$\tilde{\varepsilon}^{kl}b_{l\mu} \tag{8.5b}$$

と書けるが，これは四脚場に対する局所ロレンツ変換に外ならない。ただし，そのパラメターが，(5a)で与えられるように，場 $\omega^{kl}{}_{,\nu}$，または四脚場に依存する。この意味で，(4c)の第2項は，場に依存する局所ロレンツ変換と呼ばれる。もちろん，ε^{kl} は，$\varepsilon_{1},\varepsilon_{2}$ にも依存しており，$\varepsilon_{1}=\varepsilon_{2}$ ならばゼロになる。

次に(4c)の第3項において，場の方程式(7.2b)=0の結果である(6.29b)

$$C^{\lambda}{}_{,\mu\nu}=-\frac{1}{2}(\bar{\psi}_{\mu}\gamma^{\lambda}\psi_{\nu}) \tag{8.6a}$$

を使うと，この項は

$$\frac{1}{2}\xi^{\nu}(\bar{\psi}_{\mu}\gamma^{\lambda}\psi_{\nu})b^{k}{}_{\lambda}=-(\bar{\tilde{\varepsilon}}\gamma^{k}\psi_{\mu}) \tag{8.6b}$$

という形に書くことができる。ここで

$$\tilde{\varepsilon}=\frac{1}{2}\xi^{\nu}\psi_{\nu} \tag{8.6c}$$

とおいた。(6b)を(2a)と比べると，これは，$b^{k}{}_{\mu}$ に対して，(6c)をスピノルパラメターとする超対称変換を施したものであることがわかる。(6c)は，$\varepsilon_1,\varepsilon_2$ の外に，場 ψ_{ν} にも依存している。

結局，四脚場に対して超対称変換を2度行ったものは，一般座標変換，場に依存する局所ロレンツ変換，場に依存する超対称変換の和に帰着されることになった。ここで考えた4種の変換のうち，超対称変換以外のどの2種類の交換関係を作っても，結局これら4種類のいずれかによって表されることは，ほぼ明らかであろう。したがって，平らな時空の場合の階数つきの超対称代数よりもすこし複雑にはなったが，やはり，超対称変換を含む階数つき代数は閉じることがわかったのである。このことは，ψ_{μ} および $\omega^{ij}{}_{,\mu}$ に関しても示すことができる。ただし，計算はさらに複雑になるので，その詳細は省略する。

補助場　しかし重要な事実として，(6a)において，場の方程式を使ったことを指摘しておかなければならない。もしこれを使わずに，$C^{\lambda}{}_{,\mu\nu}$ のままで残しておくと，この項を，四脚場に対する簡単な意味のある変換と解釈することができなくなる。したがって，代数が閉じることも言えなくなる。この意味で上に述べた超対称代数の閉包性は，質量殻上に限られる。ちょうど，大域的超対称理論のカイラル模型において，補助場 F，G を使わなかった場合に相当している。このことは，これまで説明してきた超重力理論には必要な補助場が欠けていたことを示唆している。それでは，実際，どのような補助場があり，ラグランジャンの中にどのようにはいってくるのであろうか。この答は一義的ではない。以下では，補助場の数が最も少なくてすむ「最小模型」を紹介する。ただ，実際に超対称不変性を示し，またその代数が質量殻外でも閉じることを示すための計算は，複雑を極める。興味のある読者は，みずから試してみられたい。

最小理論は，$b^k{}_\mu$，ψ_μ のほかに，スカラー場 S，擬スカラー場 P，軸性ベクトル場 A_μ を含む。場の方程式を課さなければ，これで，ボゾンとフェルミオンの自由度の数は揃っている。ラグランジァンは

$$\mathscr{L}=\mathscr{L}_{\mathrm{SG}}+\frac{1}{3}b(-S^2-P^2+A_\mu A^\mu) \tag{8.7}$$

で与えられる。ここで $\mathscr{L}_{\mathrm{SG}}$ は補助場なしの超重力理論のラグランジァン (7.1) である。これを，4次元発散を除いて不変にする超対称変換は

$$\delta\psi_\mu=2D_\mu\varepsilon-\frac{1}{3}\gamma_\mu(-S+i\gamma_5P)\varepsilon+i\left(A_\mu-\frac{1}{3}\gamma_\mu \not{A}\right)\varepsilon \tag{8.8a}$$

$$\begin{aligned}\delta S=&-\frac{1}{2}b^{-1}(\bar{\varepsilon}\gamma_5\gamma_\mu\Psi^\mu)-\frac{1}{2}(\bar{\varepsilon}\gamma_\mu\psi^\mu)S-i\frac{1}{2}(\bar{\varepsilon}\gamma_5\gamma_\mu\psi^\mu)P\\&+i\frac{1}{2}(\bar{\varepsilon}\gamma_5\psi_\mu)A^\mu\end{aligned} \tag{8.8b}$$

$$\delta P=i\frac{1}{2}b^{-1}(\bar{\varepsilon}\gamma_\mu\Psi^\mu)-\frac{1}{2}(\bar{\varepsilon}\gamma_\mu\psi^\mu)P+i\frac{1}{2}(\bar{\varepsilon}\gamma_5\gamma_\mu\psi^\mu)S+\frac{1}{2}(\bar{\varepsilon}\psi_\mu)A^\mu \tag{8.8c}$$

$$\delta b^k{}_\mu=(\bar{\varepsilon}\gamma^k\psi_\mu) \tag{8.8d}$$

$$\begin{aligned}\delta A_\mu=&\,i\frac{3}{2}b^{-1}\left(\Psi_\mu-\frac{1}{3}\gamma_\mu\gamma_\nu\Psi^\nu\right)\\&+\frac{1}{2}\bar{\varepsilon}(P+i\gamma_5S)\psi_\mu-\frac{1}{2}\bar{\varepsilon}(\gamma_\nu\psi^\nu A_\mu-\not{A}\psi_\mu)\\&-i\frac{1}{2}b\varepsilon_{\mu\nu\rho\sigma}A^\nu(\bar{\varepsilon}\gamma_5\gamma^\rho\psi^\sigma)\end{aligned} \tag{8.8e}$$

である。

第3章　多次元時空の理論

一般相対論が発表された直後の1917年，Weylは早くも重力場と電磁場の統一理論を提出し，これが後のゲージ理論の原型となった。その後1922年には，Kaluzaが，後にカルーザ・クライン理論と呼ばれることになる5次元統一理論を発表した。彼によれば，われわれの住む時空は，元来5次元であるが，そのうちの1次元は他の4次元とは異なって閉じた円になってしまった（これを「コンパクト化」と言う）。ただし，その半径は，現在の実験精度では見ることができないほど小さい，とする。5次元における一般相対論から出発すると，このコンパクト化のあとでは，実効的な4次元理論として，アインシュタイン理論とマクスウェル理論が同時に得られる，というのである。1964年になって，DeWittはこれを$D=4+n$次元の理論に拡張し，n次元空間をコンパクト化すると，4次元においては，アインシュタイン理論とヤン・ミルズ理論の統一理論が得られることを示した。しかし，まだ十分説得力のある考えとはみなされなかった。

1960年代の終り頃から，素粒子の弦模型が盛んに研究されていたが，これには「臨界次元」と呼ばれるものが存在することがしだいに明らかとなってきた。これは，弦の量子化は，時空の次元が26あるいは10といった，特別の値でないと整合的には遂行できない，ということを意味する。Scherkは，これをカルーザ・クライン的な考えによって理解しようとした。1977年になると，Scherk, Cremmer, Juliaは多次元における超重力理論，特に11次元における超重力理論を調べ，これが，コンパクト化の後，4次元における$N=8$超重力理論を導くことを示した。5節で説明したように，これは最大限に拡張された超重力理論である。この見事な理論が，カルーザ・クライン超重力理論の幕明けであった。それはまた，ふたたび弦の理論と合体して，10次元における超弦理論へと発展することになる。

この章の初めの9節では，多次元時空理論の基礎となる内部空間，コンパクト化といった概念について，まずは重力がない場合の素粒子の場を考察する。次の10節は，$D=4+n$次元における一般相対論とそのコンパクト化である。ここで，非可換ゲージ場が出てくること，特にゲージ変換に時空の幾何学的意味が与えられることが示される。そして，いよいよ 11 次元単純超重力理論にはいるのが 11 節である。これは長くなるので，そのコンパクト化については 12 節をあてる。特に 7 次元トーラスの場合について詳述し，ついで 7 次元球の場合を極く簡単に紹介する。

9 節　内部空間とコンパクト化

5 次元理論　初めに，カルーザのもともとの理論にならって 5 次元時空を考えてみよう。その座標を $z^M (M=0,1,2,3,4)$ と書く*)。ただし，時間的な座標は，やはりただ 1 個とし，したがって接空間におけるミンコフスキー計量は (1.2) と同じく

$$\eta_{MN}=\mathrm{diag}(-++++) \tag{9.1}$$

である。この時空に質量ゼロの中性スカラー場があるとしよう。それを $\phi(z)$ と書く。これに関する作用関数は

$$I=\int d^5z\sqrt{-g}\left(-\frac{1}{2}g^{MN}\partial_M\phi\partial_N\phi\right) \tag{9.2}$$

で与えられる。もしマクスウェル理論があるとすれば

$$I=\int d^5z\sqrt{-g}\left(-\frac{1}{4}g^{MP}g^{NQ}F_{MN}F_{PQ}\right) \tag{9.3}$$

であるし，また，質量ゼロのスピノル場 $\psi(z)$ があれば，その作用は

$$I=\int d^5z b(-\overline{\psi}\not{D}_5\psi) \tag{9.4}$$

で与えられる。ここで，$\not{D}_5=\Gamma^M D_M$ は 5 次元のディラック演算子であり，第 5 番目のガンマ行列 Γ^4 は，4 次元におけるカイラル行列，$\Gamma_\# =\gamma_5$ によって与えられることは，4 節で説明したとおりである。さらに重力場の作用関数はやはりアインシュタイン・ヒルベルト作用

$$I=\int d^5z\sqrt{-g}\left(\frac{1}{2}R\right) \tag{9.5}$$

によって与えられると考えるのがもっともであろう。この式で，スカラー曲率 R はどんな次元数でも距離の -2 乗の次元をもつので，無次元の作用関数を作るには，質量の 3 乗の係数をかけておかなければならない。ここでは κ^3 をかけてあるものと

*)　この節では，多元時空の座標の添字を M, N, …で表す。また 4 次元のそれには，μ, ν, …，それ以外の内部空間の座標の添字には α, β, …をあてる。

し，しかもそれを1とする単位系を選んであるものとしよう。

ここでカルーザにしたがって，第5番目の座標は半径 a の円周となったとしてみよう。そのとき，z^4 としては，もちろん円周上の長さをとってもよいが，むしろ角度 θ を選んだほうが便利である。これは0と 2π の間に変域が限られる。すなわち，コンパクトな1次元空間である。このような，円周上のことを S^1 と記すのがならわしである。円周上の微少距離は $ds=ad\theta$ と書けるから，計量は $g_{\theta\theta}=a^2$ である。また，4次元世界の方は平らなミンコフスキー時空であるとしてみる。これを M_4 と書くことにしよう。さらにもうすこし仮定を強めて，5次元の計量は

$$g_{MN}=\begin{array}{c} \\ \mu \\ \theta \end{array}\!\!\begin{array}{c} \begin{array}{cc} \nu & \theta \end{array} \\ \left(\begin{array}{c:c} \eta_{\mu\nu} & 0 \\ \hdashline 0 & a^2 \end{array}\right) \end{array} \tag{9.6}$$

であると考える。すなわち，$g_{\mu\theta}=0$ とおいたのである $(\mu=0,1,2,3)$。計量が，このように4次元部分と1次元部分に完全に分離してしまい，両方の部分をつなぐ成分がゼロであるような場合，5次元時空は M_4 と S^1 の直積であると言い，$M_4\times S^1$ で表す。これは，4次元時空の各点に S^1 が付着していると解釈すればよい。この円周の半径は非常に小さくて，現在の実験の解像力では観測することができない，というのがカルーザの言い分であった。現在では，この S^1，あるいはそれを拡張したものは，素粒子の「内部自由度」を生み出す空間と考えられるようになっているので，「内部空間」と呼ばれることが多い。

自発的コンパクト化　本来対等であった五つの座標のうち，なぜ一つだけがコンパクトになるのであろうか。これは何か非常に人為的で，勝手な仮定のように思われるかもしれない。しかし，アインシュタインの考えによれば，時空はそもそもダイナミカルなもので，アインシュタイン方程式の解として決まるものである。このような「歪んだ」時空が，5次元アインシュタイン方程式を満たしているかもしれない。もし物質がまったく存在しないとすれば，(1)で与えられる5次元ミンコフスキー時空 M_5 は明らかに解である。しかし，なんらかの物質があれば，解は別のものとなるであろう。その中には，(6)で与えられる直積時空があるかもしれない。

ところで，(1)と(6)をくらべてみると，明らかに前者が表す時空のほうが，後者のそれより対称性が高い。5次元ミンコフスキー時空 M_5 には，どこにも特別の方向

がなく，いわば，まんまるである。これに対して $M_4\times S^1$ においては，たとえば第1軸と第5軸を含む回転に対する不変性は欠如している。自然界には，対称性の最も高い状態が実現している場合が多い。量子力学の例でいえば，水素原子のS-状態やP-状態などを考えてみればよい。前者は球対称の解であり，後者は歪んだ解である。そして，前者のほうが低いエネルギー順位にあり，最終的に安定な状態（基底状態）である。P-状態の電子は光を放出して，いずれ基底状態に移ってゆく不安定な励起状態である。このアナロジーによると，$M_4\times S^1$ は不安定であり，M_5 こそ最終的に実現している基底状態，すなわち真の「真空」であろうと考えるのが普通である。

しかし自然界には，対称性が破れた場合，または低い対称性の状態が基底状態として実現している例もある。たとえば，磁性体がそうである。もともとの系には特別の方向は存在しないのに，分子磁石がある方向に揃って並んだ方がエネルギーが低くなって永久磁石となる，という現象である。一般には，「対称性の自発的な破れ」と呼ばれている。素粒子論でも，「南部・ゴールドストーンボゾン」の出現として重要な適用例が多く，とくにゲージ理論においては「ヒグス機構」として，決定的な役割を果たしている。これと同じメカニズムが働いて，(1)ではなく(6)が実現していると期待することができる。この意味では，「自発的コンパクト化」とも呼ばれる。ただし，このアナロジーが本当に成り立っているかどうか，厳密なレベルでは，十分に議論されているとはいえない。差し当たりは，その詳細には立ち入らず，とにかく(6)を仮定して，そこから何が言えるかを議論してみよう。

4次元実効ラグランジアン　まず，スカラー場をとりあげよう。$\phi(z)$ を x と θ の関数とみなす。θ については周期 2π の周期関数とみなすべきである。したがって，フーリエ展開をする：

$$\phi(x,\theta)=\frac{1}{\sqrt{2\pi}}\sum_n \phi_n(x)e^{in\theta} \tag{9.7a}$$

n は0を含めて整数値をとる。$\phi(z)$ を実数場であるとすると

$$\phi_{-n}=\phi_n{}^* \tag{9.7b}$$

という関係が成り立っていなければならない。展開係数 $\phi_n(x)$ は4次元座標 x の関数であり，これが4次元におけるスカラー場とみなされる。(7a)を，5次元の計量として(6)とともに(2)に代入すると，

$$I=\int d^4x\sqrt{-g_4}\,aL_4 \tag{9.8a}$$

と書いて

$$\begin{aligned} L_4&=\frac{1}{2\pi}\int_0^{2\pi}d\theta\left(-\frac{1}{2}g^{MN}\partial_M\phi\partial_N\phi\right) \\ &=-\frac{1}{2}\partial_\mu\phi_0\partial^\mu\phi_0-\sum_{n\geqq1}\left(\partial_\mu\phi_n^*\partial^\mu\phi_n+M_n^2\phi_n^*\phi_n\right) \end{aligned} \tag{9.8b}$$

が4次元の実効的ラグランジァンとなる。[問題9−1：(8b)を導け]これから，$n\neq0$ の $\phi_n(x)$ は質量 $M_n=|n|a^{-1}$ をもつ複素場であることがわかる。すなわち，5次元における質量ゼロのスカラー場は，コンパクト化の結果，無限個の4次元スカラー場を生ずるのである。$n=0$ のもののみが4次元でも質量がゼロであり，「ゼロモード」と呼ばれる。これ以外のものは，a^{-1} の程度の質量をもつが，a が非常に小さければ，M は非常に大きいことになり，十分なエネルギーがなければ作り出したり，観測することはできない。

次にマクスウェル理論を考えてみよう。これも(7a)と同様にフーリエ展開されるが，$n\neq0$ の成分は，やはり a^{-1} に比例する質量をもつであろうから，特にゼロモードに注目しよう。すなわち，θ にはまったく依存しないとする。そうすると，A_M は，ふたつの部分にわかれる：

$$A_M=\frac{1}{\sqrt{2\pi}}\begin{cases}A_\mu(x)\\ A_\theta(x)\end{cases} \tag{9.9a}$$

この $A_\mu(x)$ は4次元的ベクトル場，$A_\theta(x)$ は4次元的スカラー場である。(8a)と同様に(3)から実効的4次元ラグランジァンを定義すると

$$L_4=-\frac{1}{4}F_{\mu\nu}F^{\mu\nu}-\frac{1}{2}a^{-2}\partial_\mu A_\theta\partial^\mu A_\theta \tag{9.9b}$$

となる。つまり，5次元におけるベクトル場は，4次元ではベクトル場のほかにスカラー場も生み出すことがわかる。このように，低い階数のテンソル場，したがって，低いスピンの場を作り出すことは，コンパクト化の一般的な特徴である。

さらに議論を進めて，スピノル場を考えよう。5次元でのスピノルは，4次元と同じく4成分である。したがって $\psi(x,\theta)$ をフーリエ展開して

$$\psi(x,\theta)=\frac{1}{\sqrt{2\pi}}\sum_n\psi_n(x)e^{in\theta} \tag{9.10a}$$

と書くと，このときの成分$\psi_n(x)$は，やはり 4 成分の 4 次元スピノルである。これを(4)に代入すると

$$\not{D}_5\psi_n e^{in\theta}=(\not{D}_4+ib_4{}^\theta\gamma_5)\psi_n e^{in\theta} \tag{9.10b}$$

の形の項が現れる。ここで五脚場の成分 $b_4{}^\theta$ は，$g^{\theta\theta}=(g_{\theta\theta})^{-1}=a^{-2}$ の平方根として $b_4{}^\theta=a^{-1}$ とおけばよい。これを使うと，(8b)，(9b) と同様に 4 次元的ラグランジァンは次のようになる：

$$L_4=-\sum_n\bar{\psi}_n(\not{D}_4+ina^{-1}\gamma_5)\psi_n \tag{9.10c}$$

$n=0$ のゼロモードはやはり質量ゼロである。$n\neq0$ の成分は質量 $M_n=|n|a^{-1}$ の質量をもつようにみえるが，$\Gamma_\#=\gamma_5$ がはいっている点で，普通の質量項と異なっている。しかし，この差はみかけのものにすぎない。実際，

$$\psi_n=e^{\mp i(\pi/4)\gamma_5}\psi_n{}' \tag{9.10d}$$

によって ψ'_n を導入すると（複号は n の正負による）

$$\bar{\psi}_n\gamma_5\psi_n=\pm i\bar{\psi}_n{}'\psi_n{}' \tag{9.10e}$$

となることが確かめられる。プライムを取り除いて書くと，結局

$$L_4=-\sum_n\bar{\psi}_n(\not{D}_4+M_n)\psi_n \tag{9.10f}$$

となり，$|n|$ のそれぞれの値に対して質量 $M_n=|n|a^{-1}$ をもつ $\psi_{|n|}(x)$ と $\psi_{-|n|}(x)$ の一対が現れることになる。

2 次元トーラス　次は，重力場に関する(5)を扱うべきであるが，これは次の 10 節にまわすこととし，この節の残りでは，6 次元の理論を考えてみる。内部空間は 2 次元で，その最も簡単なものは，$S^1\times S^1$ であろう。つまり，第 5 軸と第 6 軸は，互いに独立な円周で，半径はそれぞれ a_1，a_2 である。これはまた，ひとつの円周上の各点にもうひとつの円周が付着しているという意味で，図 9 のドーナッツの表面と等価である。このような 2 次元的面はトーラス T^2 とも呼ばれる。それぞれの角度変

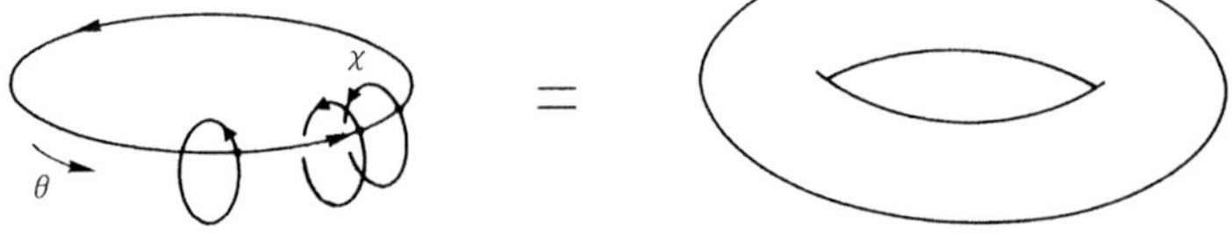

図 9

数を θ，χ とすると，計量の2次元的部分は，$g_{\theta\theta}=a_1{}^2$，$g_{\theta\chi}=0$，$g_{\chi\chi}=a_2{}^2$ となる。スカラー場 $\phi(x,\theta,\chi)$ は，こんどは2重フーリエ級数に展開される。その係数である4次元スカラー場は，$\phi_{m,n}(x)$ のように2組の整数 m，n で指定される。$m=n=0$ が質量ゼロのゼロモードで，一般には質量 $M_{mn}=[m^2(a_1)^{-2}+n^2(a_2)^{-2}]^{1/2}$ をもつ。マクスウェル場については，ゼロモードでも，スカラー場は A_θ，A_χ の二つが現れる。スピノル場は，6次元では8成分である。これは4成分のスピノルが2組あることを意味する。それを，(4.8)で導入した τ_3 の固有値 ±1 でわけて

$$\Psi=\begin{pmatrix}\phi_+\\ \phi_-\end{pmatrix} \tag{9.11a}$$

のように書けば，4次元的ラグランジァンは

$$\begin{aligned}L_4&=-\sum_n\bar{\Psi}_n(\not{D}_4+M_n)\Psi_n\\ &=-\sum_n[\bar{\phi}_{n+}(\not{D}_4+M_n)\phi_{n+}+\bar{\phi}_{n-}(\not{D}_4+M_n)\phi_{n-}]\end{aligned} \tag{9.11b}$$

という形となる。

2次元球面　しかし，2次元内部空間として，もっと興味があるのは曲がった空間である。上に考えた T^2 は，ちょっとみると曲がっているようでもあるが，曲率テンソルはゼロである。これは，S^1 と同様，計量がまったく定数であることから明らかである。2次元の曲がった空間として最も簡単なのは2次元球面 S^2 である。半径 a の球面の上の座標としてよく使われるのは極座標 θ，ϕ であり，それぞれの変域は0から π，0から 2π である。$M_4\times S^2$ の直積を表す計量は

$$g_{MN}=\begin{array}{c}\\ \mu\\ \theta\\ \phi\end{array}\!\!\begin{array}{c}\begin{array}{ccc}\nu & \theta & \phi\end{array}\\ \left(\begin{array}{c|cc}\eta_{\mu\nu} & \multicolumn{2}{c}{0}\\ \hline 0 & a^2 & 0\\ & 0 & a^2\sin\theta\end{array}\right)\end{array} \tag{9.12}$$

の形に書ける。今度は，フーリエ展開のかわりに球関数展開を用いる。たとえばスカラー場については

$$\phi(x,\theta,\phi)=\sum_{lm}\phi_{lm}(x)Y_{lm}(\theta,\phi) \tag{9.13}$$

である。作用関数(2)を計算するには，部分積分を行って

$$I=\int d^6z\sqrt{-g}\frac{1}{2}\phi\Box_6\phi \tag{9.14a}$$

という形にしておくのが便利である。ここで

$$\Box_6\phi=\frac{1}{\sqrt{-g}}\partial_M(\sqrt{-g}\,g^{MN}\partial_N\phi) \tag{9.14b}$$

はスカラー関数に対するラプラシアン（この場合，正確にはダランベルシアン）の一般形である。計量(12)を用いると，6次元的ラプラシアンは4次元の部分と2次元の部分とにわかれる：

$$\Box_6=\Box_4+\nabla_2{}^2 \tag{9.14c}$$

特に2次元の部分を書くと

$$\nabla_2{}^2=a^{-2}\left[\frac{1}{\sin\theta}\partial_\theta(\sin\theta\partial_\theta)+\frac{1}{\sin^2\theta}\partial_\phi{}^2\right] \tag{9.14d}$$

となるが，これを球関数に作用させた場合

$$\nabla_2{}^2Y_{lm}=-a^{-2}l(l+1)Y_{lm} \tag{9.14e}$$

という関係を使うことができる。したがって，4次元スカラー場 $\phi_{lm}(x)$ は質量 $M_{lm}=\sqrt{l(l+1)}a^{-1}$ を持つ。$l=0$ はやはりゼロモードであり，このあたりまでは，S^1 や T^2 の場合と本質的に違ったことはない。しかしスピノルについては大きな差が現れる。

この場合には，(4.8)で導入した τ 行例が2次元空間における半整数スピンと同じ働きをするので，球関数展開も複雑になる。その複雑さを避けて，直接ゼロモードが存在しないことを示す方法があるので，紹介しよう。

スピノル場の質量　6次元的なディラック演算子を $D\!\!\!/_6$ と書く。直積時空 $M_4\times S^2$ の場合にはこれは

$$D\!\!\!/_6=\partial\!\!\!/+D\!\!\!/_2 \tag{9.15}$$

のように4次元部分と2次元部分の和になる。したがって，6次元において質量ゼロのディラック方程式は

$$(\partial\!\!\!/+D\!\!\!/_2)\psi=0 \tag{9.16a}$$

となる。よく行われるように，これに左からもういちど $D\!\!\!/_6$ をかける：

$$[\partial\!\!\!/^2+\partial\!\!\!/D\!\!\!/_2+D\!\!\!/_2\partial\!\!\!/+(D\!\!\!/_2)^2]\psi=0 \tag{9.16b}$$

[　]の中の第1項は4次元的なダランベルシアン $\Box_4$ にほかならない。第2項と第3項とは，(12)の場合ディラック行列の4次元部分と2次元部分とが反可換であるために，ゼロとなる。したがって，(16b)が質量 M のクライン・ゴードン方程式に

なるための

$$-M^2=(\not{D}_2)^2 \tag{9.16c}$$

となっているはずである。ところで，この右辺を次のように変形してゆく。

まず，ψは一般座標変換に対してスカラーであることを思い出すと，局所ロレンツ変換に対する共変微分 D_α を全共変微分 $\mathscr{D}_\alpha$ でおきかえても差はないことがわかる。そこで

$$\begin{aligned}(\not{D}_2)^2\to(\not{\mathscr{D}}_2)^2&=\Gamma^\alpha\mathscr{D}_\alpha\Gamma^\beta\mathscr{D}_\beta\\&=\Gamma^\alpha\Gamma^\beta\mathscr{D}_\alpha\mathscr{D}_\beta\end{aligned} \tag{9.17a}$$

と書く。ここで全共変微分 $\mathscr{D}_\alpha$ は二脚場と，したがって Γ^β とは可換であることを使った。そこで(17a)を

$$\left(\frac{1}{2}\{\Gamma^\alpha,\ \Gamma^\beta\}+\frac{1}{2}[\Gamma^\alpha,\ \Gamma^\beta]\right)\mathscr{D}_\alpha\mathscr{D}_\beta \tag{9.17b}$$

と書き，第1項には，クリフォード代数の基本的な関係式を使うと(17a)は

$$g^{\alpha\beta}\mathscr{D}_\alpha\mathscr{D}_\beta+\frac{1}{4}[\Gamma^\alpha,\ \Gamma^\beta][\mathscr{D}_\alpha,\ \mathscr{D}_\beta] \tag{9.17c}$$

となる。この第1項は，$g^{\alpha\beta}\nabla_\alpha\nabla_\beta$ と同様な，一種のラプラシアンであり，その固有値は(14e)の $\nabla_2{}^2$ と同様にゼロまたはマイナス，すなわち非正である。[問題 9-2：これを示せ] 次に(17c)の第2項に移ろう。共変微分の交換関係に関する(2.30a)を代入する。ただし捩率は S^2 の上には存在しない。また，半径 a の S^2 におけるリーマンテンソルはよく知られているように

$$R_{\alpha\beta,\gamma\delta}=a^{-2}(g_{\alpha\gamma}g_{\beta\delta}-g_{\alpha\delta}g_{\beta\gamma}) \tag{9.18}$$

で与えられる。これを(17c)の第2項に代入すると，結局

$$\frac{1}{4}a^{-2}\Gamma^{\alpha\beta}\Gamma_{\alpha\beta}=-\frac{1}{2}a^{-2} \tag{9.19a}$$

を得る。これから

$$M^2\geqq\frac{1}{2}a^{-2} \tag{9.19b}$$

という不等式が得られた。すなわち，スピノル場は，内部空間の曲率の平方根程度の質量をどうしても持たざるを得ない，という強い結論に達したのである。この結論は S^2 に限らず，任意の正曲率内部空間について成り立つ。[問題 9-3：これを示

せ］これは，次のような意味で，カルーザ・クライン理論を現実的にしようとする試みの中で大きな困難となる。

次の 10 節でみるように，a はプランクの長さ～ 10^{-33}cm くらいと考えられている［(10.10e)を参照］。そうすると(19b)は，フェルミオンの質量はすべて $a^{-1}\sim m_{Pl}$ ～10^{19}GeV，またはそれ以上となってしまうことを示す［1 章の最後を参照］。また，このプランク質量は，今考えている理論の唯一の質量パラメターでもある。一方，われわれがよく知っている素粒子は，大体 MeV からせいぜい 100 GeV くらいの質量を持っており，プランク質量に比べて 19 桁近く小さい。こんなに小さな値が結果として出現するためには，何か特別な理由がなければならない。ゲージ不変性はその一例であり，実際，質量ゼロのベクトル場を生じさせてくれる。現実には，不変性が「わずかに」破れ，その結果として W，あるいは Z ボゾンが 100 GeV 程度の質量を持つようになる，と考えてよいであろう。同じように考えれば，クォークやレプトンも，まず第 1 近似としては質量ゼロとして現れてほしい。フェルミオンの質量ゼロを保証してくれる不変性としてはカイラル不変性がある。また，ワインバーグ・サラム理論では，実際カイラルフェルミオンが基本的な場となっている。ところが(19b)は，カイラルフェルミオンが許容されないことを示している。

そこで，コンパクトで正の曲率の空間でもフェルミオンがゼロモードを持てるようなメカニズムが探し求められた。最も有望な候補として，ゲージ場の特別な位相的な配位がこの目的に役立つことが指摘されている。すなわち共変微分 D_M を，ゲージ場 A_M の部分を加えて

$$\tilde{D}_M = D_M - ieA_M \tag{9.20a}$$

によっておきかえ，したがって(17c)の第 2 項を

$$[\tilde{\mathscr{D}}_\alpha,\ \tilde{\mathscr{D}}_\beta] = -\frac{1}{2}R^{\theta\phi}{}_{,\alpha\beta}\Gamma_{\theta\phi} - ieF_{\alpha\beta} \tag{9.20b}$$

と変更する。第 2 項の $F_{\alpha\beta}=\partial_\alpha A_\beta - \partial_\beta A_\alpha$ が，ディラックの「単磁極」と同様な配位を持つ場合には，(17c)の第 1 項を正確に打ち消し得ることが示されるのである。その詳細には立ち入らないが，これは多次元理論のその後の発展に重大な影響をもたらしたことを付言しておく。

キリングベクトル　S^2 の対称性についてもうすこし詳しく調べておこう。2 次元球面は，いかにもまんまるで，どこにも特別の点はなく，どうまわしてみても同じよ

うに見える。このことをはっきりさせるには，２次元の直交座標にかえってみるのが便利であろう。半径 a の球面は

$$x^2+y^2+z^2=a^2 \tag{9.21a}$$

と表され，以前の極座標との関係は

$$x=a\sin\theta\cos\phi,\ y=a\sin\theta\sin\phi,\ z=a\cos\theta \tag{9.21b}$$

である。球面が，どこからみてもまんまるである，ということは，まず x 軸のまわりの回転に対する不変性として表現できる。この回転の演算子は，角運動量の x 成分で

$$J_x=i(-y\partial_z+z\partial_y) \tag{9.21c}$$

で与えられる。y 軸，z 軸についてもまったく同様で，各軸の回転の演算子が

$$[J_i,\ J_j]=i\varepsilon_{ijk}J_k \tag{9.22}$$

という交換関係をみたすことは，ここで説明するまでもないであろう。後の便宜上，

$$J_i=iK^{\alpha}_{(i)}\partial_\alpha \tag{9.23}$$

によって，「キリングベクトル」$K^{\alpha}_{(i)}$ を定義する。ここで添字の(　)の中の i はこのキリングベクトルの種類を指示するもので，座標の添字ではない。今の例で具体的に書くと

$$\vec{K}_{(x)}=(0,z,-y),\quad \vec{K}_{(y)}=(-z,0,x),\quad \vec{K}_{(z)}=(y,-x,0) \tag{9.24}$$

となる。(22)の交換関係を書き直すと

$$K^{\alpha}_{(i)}(\partial_\alpha K^{\beta}_{(j)})-K^{\alpha}_{(j)}(\partial_\alpha K^{\beta}_{(i)})=\varepsilon_{ijk}K^{\beta}_{(k)} \tag{9.25}$$

を得る。

さて，(21b)によって座標変換を行い，キリングベクトルの θ，ϕ成分を求める。これには，まず共変成分を計算するのが楽である（直交座標では反変，共変成分の差はない)。たとえば

$$\begin{aligned}K_{(i)\theta}&=\frac{\partial x}{\partial\theta}K_{(i)x}+\frac{\partial y}{\partial\theta}K_{(i)y}+\frac{\partial z}{\partial\theta}K_{(i)z}\\&=a^2[\cos\theta(\cos\phi K_{(i)x}+\sin\phi K_{(i)y})-\sin\theta K_{(i)z}]\end{aligned} \tag{9.26a}$$

となる。(24)を代入し，さらに(12)の計量を使って反変成分を求めると

$$\begin{aligned}&K^{\theta}_{(x)}=\sin\phi, &&K^{\phi}_{(x)}=\cot\theta\cos\phi\\&K^{\theta}_{(y)}=-\cos\phi, &&K^{\phi}_{(y)}=\cot\theta\sin\phi\\&K^{\theta}_{(z)}=0, &&K^{\phi}_{(z)}=-1\end{aligned} \tag{9.26b}$$

を得る。これは半径 a に依存しないことに注意してほしい(共変成分は a^2 に比例す

る)。(26b)から

$$K^{\alpha}_{(x)}\partial_\alpha=\sin\phi\partial_\theta+\cot\theta\cos\phi\partial_\phi$$
$$K^{\alpha}_{(y)}\partial_\alpha=-\cos\phi\partial_\theta+\cot\theta\sin\phi\partial_\phi \qquad (9.26c)$$
$$K^{\alpha}_{(z)}\partial_\alpha=-\partial_\phi$$

も得られ，これらはそれぞれ，$-iJ_x$，$-iJ_y$，$-iJ_z$ のよく知られた表式にほかならないことが確かめられる。キリングベクトルが存在すれば，リー代数を構成することが一般的に示され，(25)は一般化されて

$$K^{\alpha}_I(\partial_\alpha K^{\beta}_J)-K^{\alpha}_J(\partial_\alpha K^{\beta}_I)=f_{IJK}K^{\beta}_K \qquad (9.27)$$

となる。ここで $I, J,\cdots$ は変換の演算子の種類を示す「番号」で，f_{IJK} は群の構造定数である。

ところで，直交座標の場合，(24)を使って

$$\partial_\alpha K_{(i)\beta}+\partial_\beta K_{(i)\alpha}=0 \qquad (9.28a)$$

を直接確かめることができる。これを座標変換すれば，一般に

$$\nabla_\alpha K_\beta+\nabla_\beta K_\alpha=0 \qquad (9.28b)$$

が，それぞれのキリングベクトルについて成り立つことになる。これをキリング条件という。この式は，座標変換

$$y^\alpha\to y'^\alpha=y^\alpha+K^\alpha \qquad (9.29a)$$

に対して計量が関数形を変えないこと，つまり

$$\delta_* g_{\alpha\beta}=0 \qquad (9.29b)$$

を意味する。[問題 9-4：(29b)を導け]ここで δ_* はリー微分である。もっと直感的にいうと，(29a)で表されるように，キリングベクトルのひとつの方向に動いてみても，まわりの空間は全く同じようにみえる，ということで，これは空間の対称性の最も一般的な表現となっているのである。(29b)をみたす変換(29a)は，「等長変換」と呼ばれており，次の節で示すように，座標変換からゲージ変換を導き出すカルーザ・クライン理論の中で基本的な役割を果たす。

S^2 上には $SO(3)$ のキリングベクトルが3個存在することをみたが，一般には S^n の上には $SO(n+1)$のキリングベクトルがある。これはS^n が$SO(n+1)/SO(n)$ という剰余空間であることの結果である。また，n 次元空間には最大 $n(n+1)/2$個のキリングベクトルが存在し得ることが証明され，このときこの空間は最大限に対称である，という。S^n は最大限に対称な空間である。

10節　コンパクト化とゲージ場

この節では，一般的な $D=4+n$ 次元における純粋のアインシュタイン理論から出発する。すなわち，接続は捩率のないクリストフェル記号で与えられる。作用関数もアインシュタイン・ヒルベルトの(9.5)である。また，完全な真空より以上のものを取り入れる。したがって，コンパクト化を表現する計量も直積ではなく

$$g_{MN}=\begin{array}{c} \\ \mu \\ \\ \alpha \end{array}\!\!\begin{array}{c}\begin{array}{cc}\quad\nu & \quad\beta\end{array}\\ \left(\begin{array}{c|c} g_{\mu\nu} & g_{\mu\beta} \\ \hline g_{\alpha\nu} & g_{\alpha\beta}\end{array}\right)\end{array} \tag{10.1}$$

という形を仮定する*)。あとで見るように，非対角要素の $g_{\mu\alpha}$ からゲージ場が出てくる。完全な方法としては，(1)の各成分を4次元座標 x^μ と n 次元内部座標 y^α の関数とみなし，y についてフーリエ展開，または球関数展開，もっと一般的には内部空間の調和関数で展開すべきである。しかし，われわれは特にゼロモードに注目したい。その理由は，第1に，重力場もゲージ場もともに質量ゼロの場であること，第2に，ゼロモードでない場の質量は非常に大きく，普通の観測にはかかり難い粒子と考えられるからである。

ゼロモード仮定　しかしそのような展開を実際に遂行しなくても，ゼロモードだけ取りだすためには，次のような形を仮定すればよい。ただし，あとの計算を簡単にするため，計量ではなく，多脚場とその逆の形を与える。

$$b_A{}^M=\begin{array}{c} \\ i \\ \\ a \end{array}\!\!\begin{array}{c}\begin{array}{cc}\quad\mu & \qquad\qquad\alpha\end{array}\\ \left(\begin{array}{c|c} b_i{}^\mu(x) & -eK_I^\alpha(y)A_i^I(x) \\ \hline 0 & b_a{}^\alpha(y)\end{array}\right)\end{array} \tag{10.2a}$$

---

*)　この節での添字の使いかたをまとめておく。

	D次元	4次元	n 次元
曲がった時空座標の添字	$M, N, \cdots$	$\mu, \nu, \cdots$	$\alpha, \beta, \cdots$
平らな局所系の添字	$A, B, \cdots$	$i, j, \cdots$	$a, b, \cdots$

$$b^A{}_M = \begin{array}{c} \\ \mu \\ \alpha \end{array}\!\!\begin{array}{c} \quad i \qquad\qquad a \\ \left(\begin{array}{c|c} b^i{}_\mu(x) & eK_I^a(y)A^I_\mu(x) \\ \hline 0 & b^a{}_\alpha(y) \end{array}\right) \end{array} \tag{10.2b}$$

また，次の関係が満たされているものとする。

$$\begin{aligned} b^i{}_\mu b_i{}^\nu = \delta^\nu_\mu \quad , \qquad b^i{}_\mu b_j{}^\mu = \delta^i_j \\ b^a{}_\alpha b_a{}^\beta = \delta^\beta_\alpha \quad , \qquad b^a{}_\alpha b_b{}^\alpha = \delta^a_b \end{aligned} \tag{10.2c}$$

これらの式には説明が必要である。非対角成分について

$$b_a{}^\mu = 0 \quad , \qquad b^i{}_\alpha = 0 \tag{10.2d}$$

とおいたが，これは一般性を失わない。なぜならば，同じ計量を与える多脚場には，常に局所ロレンツ変換だけの任意性があるが，4 次元と n 次元をむすぶ変換の部分を適当にえらべば (2a, b) のようにすることができるのである。次に注意すべきことは，四脚場の部分は 4 次元座標 x のみの関数，n 次元の部分はこの内部空間の多脚場で，もちろん y だけの関数であると仮定していることである。

$b_i{}^a$ に現れた K_I^a は内部空間 M_n のキリングベクトルである。I はその種類を区別する番号である。また $b^a{}_\mu$ における $K_I{}^a$ はさきのキリングベクトルから

$$K_I^a(y) = b^a{}_\alpha(y) K_I^\alpha(y) \tag{10.2e}$$

によって定義される。番号 I は適宜，上につけたり，下につけたりする。上下に特別の意味はない。これにかかる $A^I{}_\mu(x)$ が，あとでゲージ場と解釈されることになる。$A^I{}_i(x)$ は

$$A^I_i(x) = b_i{}^\mu(x) A^I_\mu(x) \tag{10.2f}$$

で与えられる。さらに定数 e は，ゲージ結合定数であることが，これもあとでわかる。そもそも，この一見天下りともみえる形の正当性自身，結果によって確かめられるのである。

本題にはいる前に，(2a) と (2b) とが，本当に逆の関係

$$b^A{}_M b_A{}^N = \delta^N_M, \qquad b^A{}_M b_B{}^M = \delta^A_B \tag{10.2g}$$

をみたしていることを確かめておく必要がある。この詳細は問題にゆずるが，[問題 10-1：(2g) を確かめよ] $b_i{}^a$ と $b^a{}_\mu$ との上のえらびかたは，まさにこの関係を満足させるためであることを見ておいてほしい。[問題 10-2：計量 g_{MN}，g^{MN} を求めよ]

接続と曲率の計算　さて (2.26a) によって，リッチ回転係数

$$\Delta_{A,BC} = (b_B{}^M b_C{}^N - b_C{}^M b_B{}^N)\partial_N b_{AM} \tag{10.3a}$$

およびスピン接続(2.28a)

$$\omega_{AB,C}=\frac{1}{2}(\varDelta_{C,AB}-\varDelta_{A,BC}+\varDelta_{B,AC}) \tag{10.3b}$$

を計算する。さらに(2.30b)によりリーマンテンソル

$$R^{AB}{}_{,MN}=2(\partial_{[M}\omega^{AB}{}_{,N]}+\omega^{A}{}_{C,[M}\omega^{CB}{}_{,N]}) \tag{10.3c}$$

が得られる。ラグランジァンは(1.26)と本質的に同じ形で

$$\frac{1}{2}\sqrt{-g}\,R\veebar\frac{1}{2}b(-\omega_{AB,C}\omega^{AC,B}+\omega_A\omega^A) \tag{10.3d}$$

で与えられる。[問題 10-3：(3d)を導け] ここで

$$\omega_A=\eta^{BC}\omega_{AB,C}=\omega_{AB,}{}^{B} \tag{10.3e}$$

である。また，行列式については，(2b)の形から

$$\sqrt{-g}=b=b_4b_n \tag{10.3f}$$

のように，4次元の部分と n 次元の部分とにわかれることがわかる。

(2a)，(2b)を(3a)に代入すると

$$\varDelta_{i,jk}=\varDelta^{(4)}{}_{i,jk} \tag{10.4a}$$

$$\varDelta_{a,ij}=-eK_{Ia}F^{I}{}_{ij} \tag{10.4b}$$

$$\varDelta_{i,aj}=0 \tag{10.4c}$$

$$\varDelta_{a,bi}=-eA^I_ib_b{}^{\beta}[b_{a\alpha}(\partial_\beta K^\alpha_I)+K^\alpha_I(\partial_\alpha b_{a\beta})] \tag{10.4d}$$

$$\varDelta_{i,ab}=0 \tag{10.4e}$$

$$\varDelta_{a,bc}=\varDelta^{(n)}{}_{a,bc} \tag{10.4f}$$

を得る。[問題 10-4：(4)を導け](4a)，(4f)における右辺は，純粋に4次元，または n 次元において計算されるリッチ回転係数であることを示している。(4b)における $F^I{}_{ij}$ は

$$F^I_{\mu\nu}=\partial_\mu A^I_\nu-\partial_\nu A^I_\mu+ef^I{}_{JK}A^J_\mu A^K_\nu \tag{10.5a}$$

$$F^I_{ij}=b_i{}^{\mu}b_j{}^{\nu}F^I_{\mu\nu} \tag{10.5b}$$

で与えられる。f_{IJK} は(9.27)に現れたリー群の構造定数で，三つの添字について完全反対称であるとする(これは群がセミシンプルであれば，つねに可能である)。(5a)は A^I_μ をポテンシャルとするヤン・ミルズ場の強さとしてよく知られた式である。したがって，(2a)，(2b)で導入した定数 e は，このゲージ場の結合定数であることが推測されるのである。

ついで(3b)に代入してスピン接続を求めると

$$\omega_{ij,k} = \omega^{(4)}{}_{ij,k} \tag{10.6a}$$

$$\omega_{ij,a} = -\frac{1}{2} e K^I_a F_{ij}^I \tag{10.6b}$$

$$\omega_{ai,j} = \frac{1}{2} e K^I_a F_{ij}^I \tag{10.6c}$$

$$\omega_{ai,b} = 0 \tag{10.6d}$$

$$\omega_{ab,i} = -eA^I_i[\underbrace{b_a{}^\beta b_{b\alpha}}(\partial_\beta K^\alpha_I) + \underbrace{b_a{}^\beta(\partial_\alpha b_{b\beta})}K^\alpha_I] \tag{10.6e}$$

$$\omega_{ab,c} = \omega^{(n)}{}_{ab,c} \tag{10.6f}$$

となる。[問題 10-5：(6)を求めよ] さらに

$$\omega_i = \omega^{(4)}{}_i, \qquad \omega_a = \omega^{(n)}{}_a \tag{10.6g}$$

も容易に確かめられる。

4 次元実効ラグランジアン　さて，(6)を(3d)に代入する。これまでの計算と同様，添字の種類が多くて複雑であるが，特に困難なことはなく

$$\begin{aligned} bR \cong b(&-\omega^{(4)}{}_{ij,k}\omega^{(4)ik,j} + \omega^{(4)}{}_i\omega^{(4)i} - \omega^{(n)}_{ab,c}\omega^{(n)ac,b} \\ &+ \omega^{(n)}_a\omega^{(n)a} - \frac{1}{4}e^2 W^{IJ} F^I{}_{ij} F^{Jij}) \end{aligned} \tag{10.7a}$$

となる。さらに，(3d)の関係は，4 次元，n 次元それぞれにおいても成り立つことから

$$(7\mathrm{a}) \cong b\left(R_4 + R_n - \frac{1}{4}e^2 W^{IJ} F^I_{\mu\nu} F^{J\mu\nu}\right) \tag{10.7b}$$

となることがわかる。R_4，R_n はもちろん，それぞれ $b^i{}_\mu$，$b^a{}_\alpha$ から計算される 4 次元，n 次元でのスカラー曲率である。ここで(3f)を使い，また

$$W^{IJ} = K^I_a K^a_J = g_{\alpha\beta} K^\alpha_I K^\beta_J \tag{10.8}$$

とおいた。

(7b)を(9.5)に代入すれば

$$\begin{aligned} I &= \int d^D z b \frac{1}{2} R \\ &= \int d^4 x \int d^n y b_4 b_n \left(\frac{1}{2}R_4 + \frac{1}{2}R_n - \frac{1}{8}e^2 W^{IJ} F^I_{\mu\nu} F^{J\mu\nu}\right) \end{aligned} \tag{10.9a}$$

となる。この第 1 項において R_4 は y を含んでいないから，y 積分は直ちに遂行できて

$$\int d^n y b_n = V_n \tag{10.9b}$$

を与える。ここで V_n は n 次元内部空間の「体積」である。n 次元球面 S^n ならば，その表面積で，$V_n = 2a^n \pi^{n/2+1/2}/\Gamma(n/2+1/2)$ である。(9a)の第2項においては，

$$\int d^n y b_n \frac{1}{2} R_n = -V_n \Lambda \tag{10.9c}$$

と書く。S^n のように，R_n がまったく y に依存しない定数であれば，$\Lambda = -R_n$ である。特に S^n に対しては $R_n = n(n-1)a^{-2}$ である。

次に(9a)の第3項であるが，多くの場合

$$\int d^n y b_n W^{IJ} = a^2 \frac{n}{N} \delta^{IJ} V_n \tag{10.9d}$$

を確かめることができる。ここで，N はキリングベクトルの数，すなわち群のパラメターの数である。また a^2 は(8)における $g_{\alpha\beta}$ からきている。(9.26b)のところで述べたように，$K^\alpha{}_I$ は a を含まない。

(9b)－(9d)を(9a)に代入すると，結果は

$$I = V_n \int d^4 x \mathscr{L}_4 \tag{10.10a}$$

の形にかける。ここで，$\mathscr{L}_4$ は実効4次元ラグランジァンで，

$$\mathscr{L}_4 = b_4 \left(\frac{1}{2} R_4 - \Lambda - \frac{1}{8} \frac{n}{N} a^2 e^2 F^I_{\mu\nu} F^{I\mu\nu} \right) \tag{10.10b}$$

で与えられる。Λ は4次元における実効宇宙定数である。

ゲージ結合定数　(10b)の第3項は，明らかにヤン・ミルズ理論のラグランジァンの形をしている。しかし正確には，FF の前の係数が $-1/4$ でなくてはならない：

$$-\frac{1}{8} \frac{n}{N} a^2 e^2 = -\frac{1}{4} \tag{10.10c}$$

ここで，われわれはアインシュタイン質量を1とする単位系を選んできたことを考慮し，(1.29d)を思いだすと，(10c)における a は本来 $a/r_{\mathrm{E}} = (1/\sqrt{8}\pi)(a/r_{\mathrm{Pl}})$ と書かれていたものであった。したがって(10c)は，内部空間の半径 a は

$$\left(\frac{a}{r_{\mathrm{Pl}}} \right)^2 = \frac{4N}{n} \bigg/ \frac{e^2}{4\pi} \tag{10.10d}$$

のように，プランクの長さとゲージ結合定数によって表されることを示している。$e^2/4\pi$ は，ゲージ場を電磁場とみなせば 1/137，大統一理論の結合定数ならば大体 1/40，またもし強い相互作用の QCD のそれとするならば 1/10 くらいである。このように考えると，

$$a \gtrsim r_{\mathrm{Pl}} \tag{10.10e}$$

ということになる。つまり，内部空間の大きさはプランクの長さ 1.6×10^{-33}cm よりせいぜい 1 桁くらい大きい，という重要な結論に達する。これならば現在われわれが持ついかなる測定装置をもってしても検知することはできず，まさにカルーザが最初望んだ通りになっているのである。

もちろん，カルーザの 5 次元理論では非可換ゲージ群の余地はなく，I はひとつの値しかとらず，ゲージ場はアーベル的で，それを電磁場そのものとみなそうとしたのであった。上に説明した理論はそれの一般化である。ここでは S^n の場合についてのみ具体的な式を書いてきたが，もっと一般的なコンパクト空間，したがって一般的なゲージ群についても議論を拡張することは可能である。その際でも，(10d)，(10e)の関係は，本質的にこのままの形で成り立つ。

等長変換としてのゲージ変換　ところで，ゲージ理論が得られた以上，ゲージ変換に対する不変性も存在するはずであるが，それがこの理論でどのような意味をもっているか調べてみよう。まず，D 次元における一般座標変換

$$z^M \to z'^M = z^M - \xi^M \tag{10.11a}$$

を考える。これに対して逆多脚場は

$$b_A{}'^M(z') = \frac{\partial z'^M}{\partial z^N} b_A{}^N(z) \tag{10.11b}$$

のように変換する。ξ を無限小とし，リー微分を作れば

$$\delta_* b_A{}^M = -(\partial_N \xi^M) b_A{}^N + \xi^N (\partial_N b_A{}^M) \tag{10.11c}$$

となる。

特に，$M=\alpha$，$A=i$ の部分 $b_i{}^\alpha = -eK_I^\alpha A_i{}^I$ に注目する。さらに(11a)における ξ^M として，次のような等長変換を考える：

$$\xi^\mu = 0, \qquad \xi^\alpha(x,y) = \varepsilon^I(x) K_I^\alpha(y) \tag{10.12a}$$

すなわち，内部空間のキリングベクトルの方向に，x^μ の勝手な関数 $\varepsilon^I(x)$ の分だけ動いてみるのである。これを(11c)に代入すると ($M=\alpha$，$A=i$)

$$\begin{aligned}\delta_* b_i{}^\alpha &= -(\partial_\mu \xi^\alpha) b_i{}^\mu - (\partial_\beta \xi^\alpha) b_i{}^\beta + \xi^\beta (\partial_\beta b_i{}^\alpha) \\ &= -(\partial_\mu \varepsilon^I) b_i{}^\mu K_I^\alpha + e\varepsilon^I [K_J^\beta (\partial_\beta K_I^\alpha) - K_I^\beta (\partial_\beta K_J^\alpha)] A_i^J\end{aligned} \quad (10.12\text{b})$$

を得る。この［　］の中には，キリングベクトルに関する(9.27)が使えて

$$(12\text{b}) = b_i{}^\mu K_I^\alpha (-\partial_\mu \varepsilon^I - e f_{IJK} \varepsilon^J A_\mu^K) \quad (10.12\text{c})$$

となる。一方，(12b)の左辺を

$$\delta_* b_i{}^\alpha = -e K_I^\alpha \delta_* A_i^I \quad (10.12\text{d})$$

と書いておいて(12c)と比べると

$$\delta_* A_\mu^I = f_{IJK} \varepsilon^J A_\mu^K + e^{-1} \partial_\mu \varepsilon^I \quad (10.12\text{e})$$

となる。これはまさにヤン・ミルズ理論におけるゲージ変換である。つまり，ゲージ変換も，内部空間における等長変換という，要するに一般座標変換の一部にほかならないことがわかったのである。このように，ゲージ変換に時空の幾何学的起源を与えたことが，カルーザ・クライン理論の最大の発見であった。

なお，この理論では，多脚場の一部である $b^a{}_\mu$ がゲージ場のポテンシャル，すなわち接続となり[(2b)を参照]，これから導かれる曲率，つまり場の強さは，多次元理論の中では接続である[(6b)，(6c)参照]，といういささか奇妙な関係になっている。しかし，このことのおかげで，曲率について1次のアインシュタイン・ヒルベルトラグランジアンと，場の強さという意味で曲率について2次のヤン・ミルズ理論（またはマクスウェル理論）のラグランジアンが同時に出現できたのである。

宇宙項　前節で述べた考えかたによれば，(2a)または(2b)によって与えられる計量が D 次元のアインシュタイン方程式の解であることを示すことが必要となる。しかし，ここではすこし別の道筋を通ってきたのである。すなわち，方程式のもとである D 次元におけるアインシュタイン・ヒルベルト作用を，コンパクト化した4次元的な量で書き表した。これから導かれる4次元的なアインシュタイン方程式，およびゲージ場の方程式が解を持つことを示せるならば，それが(2a)，(2b)の正当化となる，という考えである。(10b)から得られる方程式の厳密解を求めることは一般にはもちろんむずかしいが，一方，(10b)が，むしろ「普通」のラグランジアンであることから，解の存在について，次の一点をのぞけば特に問題はないであろう，と考えられる。

その1点とは，Λ で表される宇宙項に関してである。今考えている理論の出発点は D 次元の物質なしの重力の理論であり，これに含まれる定数はプランクの長さただ

ひとつである。コンパクト化の過程で，内部空間の半径がもうひとつの定数としてはいってきたが，(10d)により，これもプランクの長さと同程度であることが判明した。したがって，(9c)で与えられる宇宙定数もまた，プランクの長さのマイナス2乗の程度となる。これをセンチメートルで表すと，$10^{66}\mathrm{cm}^{-2}$ くらいの値になる。一方，現在の宇宙の膨張のしかたからみると，宇宙定数はゼロでもよく，あるとしてもその上限は $10^{-57}\mathrm{cm}^{-2}$ の程度である，と考えられている(この値は，「見えている」宇宙の大きさ，つまり宇宙年齢$\sim10^{10}$年$\sim10^{17}$秒に光速度をかけて得られる$\sim10^{28}$cmのマイナス2乗に大体等しい)。この観測上限に対して内部空間の曲率からくるΛの値は，およそ10^{123}も大きすぎる。理論と観測値の間の不一致としてこれほどはなはだしい例はかつてなかった。何か別の寄与によって打ち消されるとしても，それは10^{-123}の精度で「微調整」されなければならない。そんなに精密な理論がそもそも有り得るであろうか。これは，極めて深刻な疑問であり，いろいろなアイディアが検討されている段階である。ただ，この問題はカルーザ・クライン理論に限ることではない。もっと一般に，素粒子論と重力場とを統一的に理解しようとするとき常に出会う難問であることも付記しておこう。

11節　11次元超重力理論

この節では，7節の議論を拡張して，11次元時空における単純超重力理論を考える。なぜ特に11次元を選ぶか。まず4次元と7次元にコンパクト化したときに$N=8$の超重力理論が得られるからである。これは，11次元でのスピノルは$32=4\times8$成分を持ち，したがって11次元における1個のラリタ・シュウィンガー場は，4次元では8個の重力微子を表すことから期待されることである。しかしこの点では10次元でも同じである。ただ実際に理論を構成してみると，11次元理論の方が簡単な構造を持っていることがわかるのである。ここでは，やや天下り的ではあるが，時空は11次元であると仮定することから出発しよう。

なお，$11=3+8$であり，4節の議論にしたがって，荷電共役行列が存在し，マヨラナスピノルが定義できる点で，4次元との共通性があることを注意しておこう。

質量殻上の自由度　さて，11次元における単純($N=1$)超重力理論を作るためのひとつの手掛かりとして，フェルミオンとボゾンの質量殻上での自由度を調べておこう。

先に述べたように，スピノルは$2^{[11/2]}=2^5=32$成分を持つ。したがってマヨラナスピノルは32の実数成分を持つ。4次元と同様に，ラリタ・シュウィンガー場 ψ_μ を考えると，成分は32×11となる*)。さらに，超対称変換というゲージ変換の自由度は，4次元の場合と同様，$\partial_\mu\chi$ で表されるであろうから，χ の成分の数，つまり32を差し引く。また，ゲージ固定条件として $\partial_\mu\psi^\mu=0$，$\Gamma_\mu\psi^\mu=0$ の二つを課することにすると，いずれも32成分のマヨラナスピノルであるから，さらに32×2を差し引く。こうして32×(11−1−2)=32×8個の自由度が残る。しかし場の方程式は1階の微分方程式であるから，真の力学的自由度としてはこれの半分，すなわち

$$32\times 4=128 \tag{11.1}$$

が重力微子の自由度である。

次に11脚場 $b^i{}_\mu$ の質量殻上の自由度を数えよう。これは，本来11×11=121成分を持つが，まず局所ロレンツ変換の自由度 (1/2)×11×10=55 を差し引く。また，一般座標変換の自由度11，ゲージ固定項（たとえば $\partial_\mu(\sqrt{-g}\,g^{\mu\nu})=0$）の数11を引くと，結局

$$121-55-11-11=44 \tag{11.2}$$

となる。これはフェルミオンの自由度128より84少ない。4次元における同様の計算によると，これらは共に2で揃っていた。しかし，4次元以外では，それは成り立たないのである。

3階反対称場　この差84をうめあわせるボゾン自由度はないであろうか。Cremmer, Scherk, Juliaは実3階反対称テンソル場がちょうどこの要求をみたすことを見いだした。この場を $A_{\mu\nu\lambda}$ で表す。これは，3個の添字 μ，ν，λ について完全反対称であり，マクスウェル理論における電磁ポテンシャル A_μ の拡張で，

$$A_{\mu\nu\lambda}\to A_{\mu\nu\lambda}+\partial_{[\mu}\Lambda_{\nu\lambda]} \tag{11.3}$$

というゲージ変換に対して理論は不変になっている。このような場の力学的自由度の数えかたの詳細は，付録Fにゆずるが，結果は次に述べるように簡単である。

電磁場の場合と同様，ゲージ不変性のために，時間方向と縦方向の自由度は落ちてしまい，横方向，すなわち11−2=9次元の中での3階反対称場の成分を数えれば

---

*)　この節では，すべてのギリシャ小文字は一般座標変換の添字で，0，1，…，10の値をとる。一方，i，j などラテン小文字は，やはり0，1，…，10にわたる局所ロレンツ変換の添字である。また，$\Gamma_{\mu\nu\lambda}$ はガンマ行列 Γ_μ，Γ_ν，Γ_λ の反対称積で，クリストフェル記号ではない。この節ではクリストフェル記号は現れない。

よい。それは

$$_{9}C_{3}=84 \tag{11.4}$$

となり，ちょうど(1)と(2)の差に一致する。したがって，ボゾン場としては，11脚場 $b^{i}{}_{\mu}$ で表される「アインシュタイン重力場」と，上記の3階反対称場 $A_{\mu\nu\lambda}$，フェルミオン場としてはラリタ・シュウヴィンガー場 ψ_{μ} を用意すれば，超重力理論を作る準備ができたと言えよう。

実際にラグランジアンを作り，それを不変にする超対称変換を見いだす手順を以下に示そう。

11脚場に対しては，アインシュタイン・ヒルベルトのラグランジアン

$$\mathscr{L}_{\mathrm{G}}=\frac{1}{2}bR \tag{11.5}$$

を採用する。これの $b^{i}{}_{\mu}$，および $\omega^{ij}{}_{,\mu}$ に関する変分については，2節の結果が任意の次元において成り立つので，そのまま利用できる。

次に，重力微子のラグランジアンは(6.17b)を使う：

$$\mathscr{L}_{\mathrm{RS}}=-\frac{1}{2}b\bar{\psi}_{\rho}\Gamma^{\rho\mu\sigma}D_{\mu}\psi_{\sigma} \tag{11.6}$$

また3階反対称場のラグランジアンとしては，まずマクスウェルのラグランジアンの形をまねて

$$\mathscr{L}_{\mathrm{F}}=-b\frac{1}{48}F_{\mu\nu\rho\sigma}F^{\mu\nu\rho\sigma} \tag{11.7a}$$

とする。ここで場の強さ $F_{\mu\nu\rho\sigma}$ は

$$F_{\mu\nu\rho\sigma}=4\partial_{[\mu}A_{\nu\rho\sigma]} \tag{11.7b}$$

で定義される。係数4や1/48をつけたのはマクスウェル理論との類似性を明らかにするためである。たとえば，(7b)の右辺は $\partial_{\mu}A_{\nu\rho\sigma}-\partial_{\nu}A_{\mu\rho\sigma}+\partial_{\rho}A_{\mu\nu\sigma}-\partial_{\sigma}A_{\mu\nu\rho}$ と書かれ，マクスウェル理論における $F_{\mu\nu}=\partial_{\mu}A_{\nu}-\partial_{\nu}A_{\mu}$ と同じ形となる。また(7a)の中で特定の項，たとえば $(F_{0123})^{2}$ は $(F_{1032})^{2}$ などの形で $4!=24$ 回現れ，したがって $\mathscr{L}_{\mathrm{F}}$ の中では $(1/2)(F_{0123})^{2}$ となって，やはりマクスウェル理論のラグランジアンと同じ係数を与える。全体のラグランジアンとしては，(5)，(6)，(7a)の和から出発するが，これだけでは不十分であることが間もなくわかる。

重力微子と11脚場の間の超対称変換　超対称変換をみつけるために，まず $\mathscr{L}_{\mathrm{RS}}$

の変分から始めよう。

$$\frac{\delta\mathscr{L}_{\mathrm{RS}}}{\delta\psi_\lambda}=C^{-1}\Psi^\lambda \tag{11.8a}$$

と書くと

$$\Psi^\lambda=b\Gamma^{\lambda\mu\sigma}D_\mu\psi_\sigma+\frac{1}{4}(C^\lambda{}_{,\nu\rho}\Gamma^{\rho\nu\sigma}-C^\sigma{}_{,\nu\rho}\Gamma^{\rho\nu\lambda}-2C^\nu{}_{,\mu\nu}\Gamma^{\mu\lambda\sigma})\psi_\sigma \tag{11.8b}$$

となる。[問題11-1：これを導け] 4次元のときの(6.23a)とは γ_5 の分だけ異なるが，一応同じ文字を使うことにする。(8b)で第2項以下は，振率を含む項で，これは結局 $(\bar\psi\psi)\psi$ のような形の項を与える。このようなスピノルの高次の項は差し当たり無視することとする。この意味で

$$\Psi_0^\lambda=b\Gamma^{\lambda\mu\sigma}D_\mu\psi_\sigma \tag{11.8c}$$

と書く。そして(7.4b)と同じく

$$\delta\psi_\lambda=2D_\lambda\varepsilon \tag{11.9a}$$

とおいてみると

$$\delta\psi_\lambda^T\left(\frac{\delta\mathscr{L}_{\mathrm{RS}}}{\delta\psi_\lambda}\right)_0=2\bar\varepsilon(D_\lambda\Psi_0^\lambda) \tag{11.9b}$$

となる。ここで $D_\lambda\Psi_0{}^\lambda$ を計算しよう。まず

$$\begin{aligned}D_\lambda\psi_0^\lambda&=D_\lambda(b\Gamma^{\lambda\mu\sigma}D_\mu\psi_\sigma)\\&=[D_\lambda(b\Gamma^{\lambda\mu\sigma})]D_\mu\psi_\sigma+b\Gamma^{\lambda\mu\sigma}D_\lambda D_\mu\psi_\sigma\end{aligned} \tag{11.10a}$$

この第1項については

$$D_\lambda(b\Gamma^{\lambda\mu\sigma})=-\frac{1}{2}b(C^\mu{}_{,\lambda\rho}\Gamma^{\rho\lambda\sigma}-C^\sigma{}_{,\lambda\rho}\Gamma^{\rho\lambda\mu}-2C^\nu{}_{,\rho\nu}\Gamma^{\mu\rho\sigma}) \tag{11.10b}$$

なることがわかる。これは(8b)の第2項と同じ式であり，やはり $(\bar\psi\psi)\psi$ のような「高次の項」となるので，一応無視する。(この意味で以下の式には＝のかわりに≅を用いる)。(10a)の第2項については，$\Gamma^{\lambda\mu\sigma}$ の $\lambda\mu$ 反対称性により

$$D_\lambda\Psi_0^\lambda\cong\frac{1}{2}b\Gamma^{\lambda\mu\sigma}[D_\lambda,D_\mu]\psi_\sigma \tag{11.10c}$$

ここで(2.30a)を使って

$$D_\lambda\Psi_0^\lambda\cong\frac{1}{8}bR^{ij}{}_{,\lambda\mu}\Gamma^{\lambda\mu\sigma}\Gamma_{ij}\psi_\sigma \tag{11.10d}$$

を得る。ガンマ行列について

$$\Gamma^{\lambda\mu\sigma}\Gamma_{ij}=\Gamma^{\lambda\mu\sigma}{}_{ij}+6b_{[i}{}^{[\lambda}\Gamma^{\mu\sigma]}{}_{j]}-6b_{[i}{}^{[\lambda}b_{j]}{}^\mu\Gamma^{\sigma]} \tag{11.11}$$

のような展開ができる。[問題 11-2：これを示せ] ここで $\Gamma^{\lambda\mu\sigma}{}_{ij}=b_{i\rho}b_{i\tau}\Gamma^{\lambda\mu\sigma\rho\tau}$, $\Gamma^{\lambda\mu\sigma\rho\tau}=\Gamma^{[\lambda}\Gamma^{\mu}\Gamma^{\sigma}\Gamma^{\rho}\Gamma^{\tau]}$ である。(11)の左辺は（ギリシャ添字とラテン添字の別があるが，これは本質的ではない），Γの3階反対称積と2階反対称積の積であり，これが，Γの5階，3階，1階の反対称積の1次結合として表されるのである。このような関係式の一般的な公式は付録Cに与えてある。これを(10d)に代入して整理すると

$$D_\lambda \Psi_0^\lambda \cong \Big(\frac{1}{8}bR^{ij}{}_{,\lambda\mu}\Gamma^{\lambda\mu\sigma}{}_{ij}+\frac{1}{2}bR_{\mu\nu}\Gamma^{\mu\nu\sigma} + \frac{1}{4}bR^{\sigma}{}_{\rho,\mu\nu}\Gamma^{\mu\nu\rho}+\frac{1}{2}bG^{\sigma}{}_{\mu}\Gamma^{\mu}\Big)\psi_\sigma \tag{11.12}$$

となる。第2項は，$R_{\mu\nu}$の反対部分を取り出すので，(1.17a)により，捩率を含む。第1項と第3項は，ガンマ行列の添字の反対称性により，巡回恒等式の形となるので，(1.19b)により，やはり捩率を含む。前と同様，これらはすべて，一応無視される。最後の第4項が，11脚場の変換によって打ち消される項である。実際，(7.10a)と同じく

$$\delta b_k{}^{\mu} = -(\bar{\varepsilon}\Gamma^{\mu}\psi_k) \tag{11.13a}$$

とおけば

$$\delta b_k{}^{\mu}\frac{\delta \mathscr{L}_{\mathrm{G}}}{\delta b_k{}^{\mu}} = -bG^{k}{}_{\mu}(\bar{\varepsilon}\Gamma^{\mu}\psi_k) \tag{11.13b}$$

であり，(9b)における(12)の第4項の寄与は，これによって打ち消される。

重力微子と反対称場の間の超対称変換　次に ψ_μ と $A_{\mu\nu\rho}$ との間の超対称変換も考えなければならない。試みに $\delta\psi_\mu=2D_\mu\varepsilon$ に加えるべき項として

$$\delta_2\psi_\mu = \alpha_1\tilde{\Gamma}^{\nu\rho\sigma\tau}{}_{\mu}F_{\nu\rho\sigma\tau}\varepsilon \tag{11.14a}$$

とおいてみる。定数 α_1 はあとで決める。ここで

$$\tilde{\Gamma}^{\nu\rho\sigma\tau}{}_{\mu} = \Gamma^{\nu\rho\sigma\tau}{}_{\mu} - 8\delta^{\nu}_{\mu}\Gamma^{\rho\sigma\tau} \tag{11.14b}$$

である。また

$$\delta A_{\mu\nu\rho} = \alpha_2\bar{\varepsilon}\Gamma_{[\mu\nu}\psi_{\rho]} \tag{11.15a}$$

とする。したがって

$$\delta F_{\mu\nu\rho\tau} = 4\alpha_2\partial_{[\mu}(\bar{\varepsilon}\Gamma_{\nu\rho}\psi_{\tau]}) \tag{11.15b}$$

となる。この数係数 α_2 も今は未定としておく。

まず(7a)で定義された $\mathscr{L}_{\mathrm{F}}$ の変化を計算する。このとき，時空は平坦なものとして簡単化して差し支えない。したがって

$$
\begin{aligned}
\delta_A \mathscr{L}_{\mathrm{F}} &= -\frac{1}{24} F^{\mu\nu\rho\sigma} 4\alpha_2 \partial_\mu (\bar{\varepsilon} \Gamma_{\nu\rho} \psi_\sigma) \\
&\veebar -\frac{1}{6} \alpha_2 (\partial_\mu F^{\mu\nu\rho\sigma})(\bar{\psi}_\nu \Gamma_{\sigma\rho} \varepsilon)
\end{aligned}
\tag{11.16}
$$

となる。また(14a)による $\mathscr{L}_{\mathrm{RS}}$ の変化は，（$\Psi_\mu = \Psi_{\mu 0}$ として）

$$
\begin{aligned}
\delta_2 \mathscr{L}_{\mathrm{RS}} &= \alpha_1 F_{\nu\rho\sigma\tau} \varepsilon^T (\tilde{\Gamma}^{\nu\rho\sigma\tau}{}_\mu)^T C^{-1} \Psi_0{}^\mu \\
&= \alpha_1 b F_{\nu\rho\sigma\tau} (\bar{\psi}_\theta \overleftarrow{D}_\kappa) \Gamma^{\theta\kappa\mu} \tilde{\Gamma}^{\nu\rho\sigma\tau}{}_\mu \varepsilon
\end{aligned}
\tag{11.17}
$$

である。平らな時空を考えているのであるから，D_κ を ∂_κ でおきかえる。さらに部分積分を行って

$$
\begin{aligned}
\delta_2 \mathscr{L}_{\mathrm{RS}} &\veebar -\alpha_1 (\partial_\kappa F_{\nu\rho\sigma\tau}) \bar{\psi}_\theta \Gamma^{\theta\kappa\mu} \tilde{\Gamma}^{\nu\rho\sigma\tau}{}_\mu \varepsilon \\
&\quad -\alpha_1 F_{\nu\rho\sigma\tau} \bar{\psi}_\theta \Gamma^{\theta\kappa\mu} \tilde{\Gamma}^{\nu\rho\sigma\tau}{}_\mu (\partial_\kappa \varepsilon)
\end{aligned}
\tag{11.18}
$$

となる。

ここで

$$
\begin{aligned}
\Gamma^{\theta\kappa\mu} \tilde{\Gamma}^{\nu\rho\sigma\tau}{}_\mu &= -3\Gamma^{\theta\kappa\nu\rho\sigma\tau} - 48\eta^{\theta\nu}\Gamma^{\kappa\rho\sigma\tau} - 72\eta^{\theta\rho}\Gamma^{\kappa\nu\sigma\tau} \\
&\quad -84\eta^{\theta\nu}\eta^{\kappa\rho}\Gamma^{\sigma\tau} + 144\eta^{\theta\rho}\eta^{\kappa\sigma}\Gamma^{\nu\tau} + 48\eta^{\theta\rho}\eta^{\kappa\sigma}\eta^{\nu\tau}
\end{aligned}
\tag{11.19}
$$

という関係式を使う。[問題 11-3：これを導け]

さて(19)を(18)の第 1 項に代入する。その詳細を次の順序で調べる。

(i)　(19)の第 1 項 $-3\Gamma^{\theta\kappa\nu\rho\sigma\tau}$ の寄与。これは $\partial_\kappa F_{\nu\rho\sigma\tau}$ の添字を完全反対称化するから，ビアンキ恒等式の結果ゼロとなる。

(ii)　(19)の第 3 項に $F_{\nu\rho\sigma\tau}$ をかけると

$$
\begin{aligned}
F_{\nu\rho\sigma\tau}\eta^{\theta\rho}\Gamma^{\kappa\nu\sigma\tau} &= F_{\nu\rho\sigma\tau}\frac{1}{3}(\eta^{\theta\rho}\Gamma^{\kappa\nu\sigma\tau} + \eta^{\kappa\rho}\Gamma^{\nu\theta\sigma\tau} + \eta^{\nu\rho}\Gamma^{\theta\kappa\sigma\tau}) \\
&= \frac{1}{3} F_{\nu\rho\sigma\tau}(\eta^{\theta\rho}\Gamma^{\kappa\nu\sigma\tau} + \eta^{\kappa\rho}\Gamma^{\nu\theta\sigma\tau}) \\
&= \frac{2}{3} F_{\nu\rho\sigma\tau}\eta^{\theta\rho}\Gamma^{\kappa\nu\sigma\tau} = -\frac{2}{3} F_{\nu\rho\sigma\tau}\eta^{\theta\nu}\Gamma^{\kappa\rho\sigma\tau}
\end{aligned}
\tag{11.20a}
$$

となる。これは(19)の第 2 項からの寄与をちょうど打ち消す。こうして，4 階の Γ

の項がなくなってしまう。実はこうなるように(14b)の第2項の係数を -8 にえらんだのである。

(iii) (19)の第5項に $\partial_\kappa F_{\nu\rho\sigma\tau}$ をかけると

$$(\partial_\kappa F_{\nu\rho\sigma\tau})\eta^{\theta\rho}\eta^{\kappa\sigma}\Gamma^{\nu\tau}=\frac{1}{6}(\partial_\kappa F_{\nu\rho\sigma\tau})(\eta^{\theta\rho}\eta^{\kappa\sigma}\Gamma^{\nu\tau}+\eta^{\kappa\rho}\eta^{\nu\sigma}\Gamma^{\theta\tau}$$
$$+\eta^{\nu\rho}\eta^{\theta\sigma}\Gamma^{\kappa\tau}-\eta^{\nu\rho}\eta^{\kappa\sigma}\Gamma^{\theta\tau}$$
$$-\eta^{\kappa\rho}\eta^{\theta\sigma}\Gamma^{\nu\tau}-\eta^{\theta\rho}\eta^{\nu\rho}\Gamma^{\kappa\tau}) \qquad (11.20\text{b})$$

を得る。ここで $F_{\nu\rho\sigma\tau}$ の添字の反対称性と，右辺の第2項の $\eta^{\nu\sigma}$ により，第2項は寄与しない。同様の理由で，第3項，第4項，第6項は寄与しない。また残る第1項，第5項は同じであることがわかり

$$(20\text{b})=\frac{1}{3}(\partial_\kappa F_{\nu\rho\sigma\tau})\eta^{\theta\rho}\eta^{\kappa\sigma}\Gamma^{\nu\tau} \qquad (11.20\text{c})$$

となる。これは(19)の第4項と同じ形をしており，結局，(19)の第4項と第5項の和に $\partial_\kappa F_{\nu\rho\sigma\tau}$ をかけたものは

$$-36(\partial^\sigma F_{\nu\rho\sigma\tau})(\bar{\psi}^\rho\Gamma^{\nu\tau}\varepsilon) \qquad (11.20\text{d})$$

となる。

(iv) (19)の第6項に $F_{\nu\rho\sigma\tau}$ をかけると，$\eta^{\nu\tau}$ のためにゼロを与える。

こうして(18)の第1行は

$$(\delta_2\mathscr{L}_{\mathrm{RS}})_1=-36\alpha_1(\partial_\sigma F^{\sigma\nu\rho\tau})(\bar{\psi}_\rho\Gamma^{\nu\tau}\varepsilon) \qquad (11.21)$$

となり，これは

$$\alpha_2=-216\alpha_1 \qquad (11.22)$$

とえらべば，ちょうど(16)を打ち消す。

重力微子と反対称場の相互作用 次に(18)の第2行を考える。この項を打ち消すために

$$\mathscr{L}_1=b\beta_1\bar{\psi}_\mu\hat{\Gamma}^{\mu\nu\rho\sigma\kappa\tau}\psi_\nu F_{\rho\sigma\kappa\tau} \qquad (11.23\text{a})$$

を導入すればよいことを以下に示す。β_1 はもうひとつの未定定数で，また

$$\hat{\Gamma}^{\mu\nu\rho\sigma\kappa\tau}=\Gamma^{\mu\nu\rho\sigma\kappa\tau}+12\eta^{\mu[\rho}\Gamma^{\sigma\kappa}\eta^{\tau]\nu} \qquad (11.23\text{b})$$

である。平坦な時空として，まず $\delta\psi_\mu=2\partial_\mu\varepsilon$ (9a)による $\mathscr{L}_1$ の変化 $\delta_1\mathscr{L}_1$ を計算する。$\delta\mathscr{L}_1/\delta\psi_\lambda$ を求めるには，始めに

$$(\hat{\Gamma}^{\mu\nu\rho\sigma\kappa\tau})^T C^{-1}=-C^{-1}\hat{\Gamma}^{\mu\nu\rho\sigma\kappa\tau} \qquad (11.24)$$

を示しておく。これにより，$\mathscr{L}_1$ の ψ_μ を左変分したものと，ψ_ν を左変分したものとは同じ寄与を与えることがわかる。こうして

$$\frac{\delta \mathscr{L}_1}{\delta \psi_\lambda} = -2\beta_1 C^{-1} \hat{\Gamma}^{\lambda\nu\rho\sigma\kappa\tau} \psi_\nu F_{\rho\sigma\kappa\tau} \tag{11.25}$$

を得る。これより

$$\begin{aligned} \delta_1 \mathscr{L}_1 &= 2(\partial_\lambda \varepsilon)^T \frac{\delta \mathscr{L}_1}{\delta \psi_\lambda} = 4\beta_1 [(\partial_\lambda \bar{\varepsilon}) \hat{\Gamma}^{\lambda\nu\rho\sigma\kappa\tau} \psi_\nu] F_{\rho\sigma\kappa\tau} \\ &= 4\beta_1 (\bar{\psi}_\nu \hat{\Gamma}^{\nu\lambda\rho\sigma\kappa\tau} \partial_\lambda \varepsilon) F_{\rho\sigma\kappa\tau} \end{aligned} \tag{11.26a}$$

を得る。一方(18)の第2項に(19)を使ってゼロにならない項を残すと，

$$\beta_1 = -\frac{3}{4}\alpha_1 \tag{11.26b}$$

のとき，ちょうど(26a)を打ち消すことが確かめられる。[問題11-4：これを示せ]

しかし，$\mathscr{L}_1$ を導入したために，$\delta_2 \psi_\mu$ (14a)や，$\delta F_{\mu\nu\rho\tau}$ (15b)による変化も生じ，これがまた，他の項によって打ち消されなければならない。まず $\delta_2 \psi_\mu$ による変化 $\delta_2 \mathscr{L}_1$ を計算する：

$$\begin{aligned} \delta_2 \mathscr{L}_1 &= -2\alpha_1 \beta_1 F_{\nu\rho\sigma\tau} \varepsilon^T (\tilde{\Gamma}^{\nu\rho\sigma\tau}{}_\lambda)^T C^{-1} \hat{\Gamma}^{\lambda\theta\alpha\beta\gamma\delta} \psi_\theta F_{\alpha\beta\gamma\delta} \\ &= -2\alpha_1 \beta_1 (\bar{\psi}_\theta \hat{\Gamma}^{\lambda\theta\alpha\beta\gamma\delta} \tilde{\Gamma}^{\nu\rho\sigma\tau}{}_\lambda \varepsilon) F_{\nu\rho\sigma\tau} F_{\alpha\beta\gamma\delta} \end{aligned} \tag{11.27}$$

ここに現れたガンマ行列の積についても，付録Cの方法が使えるのであるが，特に最高の階数，すなわち9階の反対称積に注目しよう。

$$(\hat{\Gamma}^{\lambda\theta\alpha\beta\gamma\delta} \tilde{\Gamma}^{\lambda\rho\sigma\tau}{}_\lambda)_9 = +\Gamma^{\lambda\theta\alpha\beta\gamma\delta} \Gamma_\lambda{}^{\nu\rho\sigma\tau} - 8\Gamma^{\nu\theta\alpha\beta\gamma\delta} \Gamma^{\rho\sigma\tau} \tag{11.28a}$$

の第1項については

$$\begin{aligned} \Gamma^{\lambda\theta\alpha\beta\gamma\delta} \Gamma_\lambda{}^{\nu\rho\sigma\tau} &= -(\Gamma^{\theta\alpha\beta\gamma\delta} \Gamma^\lambda - 5\Gamma^{\theta\alpha\beta\gamma} \eta^{\delta\lambda})(\Gamma_\lambda \Gamma^{\nu\rho\sigma\tau} - 4\delta^\nu_\lambda \Gamma^{\rho\sigma\tau}) \\ &= -11\Gamma^{\theta\alpha\beta\gamma\delta} \Gamma^{\nu\rho\sigma\tau} + 5\Gamma^{\theta\alpha\beta\gamma} \Gamma^\delta \Gamma^{\nu\rho\sigma\tau} \\ &\quad + 4\Gamma^{\theta\alpha\beta\gamma\delta} \Gamma^\nu \Gamma^{\rho\sigma\tau} - 20\Gamma^{\theta\alpha\beta\gamma} \eta^{\delta\nu} \Gamma^{\rho\sigma\tau} \end{aligned} \tag{11.28b}$$

を得る。これから9階の項のみ抜き出す。最後の項からの寄与はなく

$$(28\text{b})_9 = (-11+5+4)\Gamma^{\theta\alpha\beta\gamma\delta\nu\rho\sigma\tau} \tag{11.28c}$$

となる。これに(28a)の第2項からの寄与 $8\Gamma^{\theta\alpha\beta\gamma\delta\nu\rho\sigma\tau}$ を加えて

$$(28\text{a})_9 = 6\Gamma^{\theta\alpha\beta\gamma\delta\nu\rho\sigma\tau} \tag{11.28d}$$

となるが，11次元においては，これは2階の反対称積で表すことができる：

$$\Gamma^{\theta\alpha\beta\gamma\delta\nu\rho\sigma\tau}=\frac{1}{2}\varepsilon^{\theta\alpha\beta\gamma\delta\nu\rho\sigma\tau\xi\eta}\Gamma_{\xi\eta} \tag{11.29}$$

ここで $\varepsilon^{\theta\alpha\cdots}$ はもちろん 11 次元におけるレヴィ・チヴィタテンソルで $\varepsilon^{012\cdots}=+1$ とする。これは，完全反対称テンソルの双対テンソルは，やはり完全反対テンソルになる，という一般的な事情から明らかなことであるが，(29)における係数(1/2)を確かめるには，添字に特別な値を代入してみればよい。たとえば $\theta, \alpha, \cdots, \tau$ として 0, 1, …, 8 をえらんでみよう：

$$(29)\text{の左辺}=\Gamma^0\Gamma^1\cdots\Gamma^8 \tag{11.30a}$$

これに右から Γ^9 をかけると，10 次元におけるカイラル行列が得られる。(4.4b)と(4.4c)の間で説明したように，この場合は $\varepsilon_\#=1$ であり，さらに $\Gamma^0=-\Gamma_0$ を考慮すると

$$(30\text{a})\Gamma^9=-\Gamma_\# \tag{11.30b}$$

である。この $\Gamma_\#$ を 11 次元における Γ_{10} とえらぶのであったから，(30b)の右辺は $-\Gamma_{10}$ である。したがって，(30b)の右からさらに Γ_{10} をかけると -1となる。一方(29)の右辺は

$$(29)\text{の右辺}=\frac{1}{2}(\Gamma_{9,10}-\Gamma_{10,9})=\Gamma_9\Gamma_{10} \tag{11.30c}$$

で，これに右から Γ_9 をかけ，そのあとさらに右から Γ_{10} をかけると -1 となり，ちょうど左辺の結果と一致するのである。

反対称場の相互作用　さて(29)を(27)に代入すると

$$(\delta_2\mathscr{L}_1)_9=-6\alpha_1\beta_1\varepsilon^{\theta\alpha\beta\gamma\delta\nu\rho\sigma\tau\xi\eta}(\bar{\psi}_\theta\Gamma_{\xi\eta}\varepsilon)F_{\alpha\beta\gamma\delta}F_{\nu\rho\sigma\tau} \tag{11.31}$$

となる。これを打ち消すために，また別の相互作用項

$$\mathscr{L}_2=\beta_2\varepsilon^{\alpha\beta\gamma\delta\mu\nu\rho\sigma\kappa\lambda\tau}F_{\alpha\beta\gamma\delta}F_{\mu\nu\rho\sigma}A_{\kappa\lambda\tau} \tag{11.32}$$

を導入する。この項は純粋にボゾンだけからできていることに注意しよう。(15a), (15b)による変化の計算は次のようになる：

まず(15a)を

$$\delta A_{\kappa\lambda\tau}=-\alpha_2\bar{\psi}_{[\tau}\Gamma_{\kappa\lambda]}\varepsilon \tag{11.33}$$

と書いておいて

$$\delta\mathscr{L}_2=-\alpha_2\beta_2\varepsilon^{\alpha\beta\gamma\delta\mu\nu\rho\sigma\kappa\lambda\tau}\{4[\partial_{[\alpha}(\bar{\psi}_\beta\Gamma_{\gamma\delta]}\varepsilon)]F_{\mu\nu\rho\sigma}A_{\kappa\lambda\tau}+4[\partial_{[\mu}(\bar{\psi}_\nu\Gamma_{\rho\sigma]}\varepsilon)]F_{\alpha\beta\gamma\delta}A_{\kappa\lambda\tau}+F_{\alpha\beta\gamma\delta}F_{\mu\nu\rho\sigma}(\bar{\psi}_{[\tau}\Gamma_{\kappa\lambda]}\varepsilon)\} \tag{11.34a}$$

とする。初めの2項は同じ寄与を与える。その部分だけ書くと

$$-8\alpha_2\beta_2\varepsilon^{\alpha\beta\gamma\delta\mu\nu\rho\sigma\kappa\lambda\tau}F_{\mu\nu\rho\sigma}A_{\kappa\lambda\tau}\partial_\alpha(\bar{\psi}_\beta\Gamma_{\gamma\delta}\varepsilon) \tag{11.34b}$$

である。$\partial_\alpha(\bar{\psi}_\beta\Gamma_{\gamma\delta}\varepsilon)$ の α，β，…に関する反対称化の記号は $\varepsilon^{\alpha\beta\cdots}$ により不要である。部分積分をすると ∂_α が $F_{\mu\nu\rho\sigma}$ にかかる項と，$A_{\kappa\lambda\tau}$ にかかる項とが現れる。このうち前者は $\varepsilon^{\alpha\beta\cdots\tau}$ のために $\partial_{[\alpha}F_{\mu\nu\rho\sigma]}$ となり，ビアンキ恒等式によってゼロとなる。後者は，やはり $\varepsilon^{\alpha\beta\cdots\tau}$ のために $\partial_{[\alpha}A_{\kappa\lambda\tau]}=(1/4)F_{\alpha\kappa\lambda\tau}$ となる。これは(34a)の第3項と同じ形である。添字を適当につけかえて整理すると

$$\delta\mathscr{L}_2=-3\alpha_2\beta_2\varepsilon^{\alpha\beta\gamma\delta\mu\nu\rho\sigma\kappa\lambda\tau}F_{\alpha\beta\gamma\delta}F_{\mu\nu\rho\sigma}(\bar{\psi}_\kappa\Gamma_{\lambda\tau}\varepsilon) \tag{11.34c}$$

となる。そこで

$$\beta_2=-2\frac{\alpha_1}{\alpha_2}\beta_1=-\frac{1}{144}\alpha_1 \tag{11.35}$$

とえらべば，(34c)は(31)をちょうど打ち消すことがわかった。(35)の第2式では(22)と(26b)とを使った。

係数α_1の決定　さて$\mathscr{L}_2$を導入したために，さらに別の項を導入しなければならなくなるであろうか。これについては，まず(32)の形は，曲がった時空にしても全くこのままの形でよいことがわかる。つまり b をかけなくても，これだけでスカラー密度なのである。[問題 11-5：これを示せ。また，$A_{\kappa\lambda\tau}$ というポテンシャルの形がそのまま現れているにもかかわらず，$\mathscr{L}_2$ はゲージ変換(3)に対して不変であることを示せ] したがって(32)に対しては，ψ_μ はもちろん，$b^k{}_\mu$ に対する変化も考える必要がなく，(33)に対して行った上記の考察だけで十分である。

しかし(27)，(26)において Γ の9階反対称積の部分だけ考えたが，これはもちろん見通しを早くつけるための手段であって，それ以外の部分も正しく考慮しなければならない。その結果，また新しい項が必要となるかもしれない。しかし幸運なことにその心配もないことがわかる。それを示すには(27)の左辺を，9階，7階，…1階の反対称積まで完全にとりいれて展開しなければならない。この計算は，本質的に(11)，(19)で出会ったのと同じ方法によって遂行できるが，大変長くなるので，ここでは結果だけを記そう：［問題 11-6：(36)を導け］

$$\delta_2\mathscr{L}_1 = -6\alpha_1\beta_1\varepsilon^{\theta\alpha\beta\gamma\delta\nu\rho\sigma\tau\xi\eta}(\bar{\psi}_\theta\Gamma_{\xi\eta}\varepsilon)F_{\alpha\beta\gamma\delta}F_{\nu\rho\sigma\tau} + 228\alpha_1\beta_1\bar{\psi}_\theta(\Gamma^\theta F_{\alpha\beta\gamma\delta}F^{\alpha\beta\gamma\delta} - 8\Gamma^\rho F^{\theta\alpha\beta\gamma}F_{\rho\alpha\beta\gamma})\varepsilon \tag{11.36}$$

第1項は，もちろん(31)と同じであって，$\mathscr{L}_2$からの寄与(34c)によって打ち消されるのであったが，特に注目すべきことは，7階，5階，3階の項がまったく存在しないことである。計算の途中をみればわかることであるが，これらの項が消えてしまったのは(23a)における$\hat{\Gamma}$を(23b)のようにえらんだからである。特に第2項の係数を12としたためである。その他にもいろいろ理由はあるが，それにしても3種類の項が一斉に消えることは，結局この理論が「奇跡的に」うまくできていることを示すもの，と言ってよいであろう。

最後に残ったΓの1階の項，つまり(36)の第2行であるが，これを打ち消す項はこれまでに導入した項から出てくる。これまで$A_{\mu\nu\lambda}$の関与する項については平担な時空として計算を簡略化してきたが，本当は平担でないことの効果の中で重要なものとして，(7a)の$\mathscr{L}_\mathrm{F}$の，$\delta b_k{}^\mu$による変化がある。(7a)は厳密には

$$\mathscr{L}_\mathrm{F} = -b\frac{1}{48}g^{\alpha\mu}g^{\beta\nu}g^{\gamma\rho}g^{\delta\sigma}F_{\alpha\beta\gamma\delta}F_{\mu\nu\rho\sigma} \tag{11.37}$$

と書くべきである。つまり，$A_{\mu\nu\lambda}$に伴う独立な量は(7b)で定義される共変4階テンソルである。したがって$b^k{}_\mu$の変化に対して(37)は，bおよび四つの$g^{\alpha\mu}$，…を通じて変化する。まず$b=\det(b^k{}_\mu)$に対しては

$$\delta b = b_k{}^\mu\delta b^k{}_\mu) = -(\bar{\psi}_\mu\gamma^\mu\varepsilon) \tag{11.38a}$$

である。また$g^{\alpha\mu} = b_k{}^\alpha b^{k\mu}$に対しては

$$\begin{aligned}\delta g^{\alpha\mu} &= (\delta b_k{}^\alpha)b^{k\mu} + b_k{}^\alpha(\delta b^{k\mu}) \\ &= (\bar{\psi}^\alpha\gamma^\mu\varepsilon) + (\bar{\psi}^\mu\gamma^\alpha\varepsilon)\end{aligned} \tag{11.38b}$$

である。これから直ちに

$$\delta_b\mathscr{L}_\mathrm{F} = \frac{1}{48}b\Big[(\bar{\psi}_\theta\Gamma^\theta\varepsilon)F_{\alpha\beta\gamma\delta}F^{\alpha\beta\gamma\delta} - 8(\bar{\psi}^\alpha\gamma^\mu\varepsilon)F_{\alpha\beta\gamma\delta}F_\mu{}^{\beta\gamma\delta}\Big] \tag{11.38c}$$

が得られる。これが(36)の第2行とちょうど消しあうには

$$\alpha_1\beta_1 = -\frac{1}{48\times228} \tag{11.39a}$$

となっていればよい。あるいは(26b)を使って

$$\alpha_1{}^2=\frac{2}{(114)^2} \tag{11.39b}$$

となる。便宜的にプラスの符号をえらんで

$$\alpha_1=\frac{\sqrt{2}}{114} \tag{11.39c}$$

とする。こうして(14a)において導入した係数 α_1 が始めて確定した。したがって(22)，(26b)，(35)から

$$\alpha_2=-\frac{3}{\sqrt{2}},\ \beta_1=-\frac{\sqrt{2}}{192},\ \beta_2=-\frac{\sqrt{2}}{(144)^2} \tag{11.39d}$$

となる。

最終結果　これまでのところをまとめると，ラグランジァンは

$$\begin{aligned}\mathscr{L}=&\frac{1}{2}bR-\frac{1}{2}b\overline{\psi}_\rho\Gamma^{\rho\mu\sigma}D_\mu\psi_\sigma-\frac{1}{48}bF_{\mu\nu\rho\sigma}F^{\mu\nu\rho\sigma}\\&-\frac{\sqrt{2}}{192}b\bar{\psi}_\mu\hat{\Gamma}^{\mu\nu\rho\sigma\kappa\tau}\psi_\nu F_{\nu\rho\sigma\tau}\\&-\frac{\sqrt{2}}{(144)^2}\varepsilon^{\alpha\beta\gamma\delta\mu\nu\rho\sigma\kappa\lambda\tau}F_{\alpha\beta\gamma\delta}F_{\mu\nu\rho\sigma}A_{\kappa\lambda\tau}\end{aligned} \tag{11.40a}$$

で，これが超対称変換

$$\delta\psi_\mu=2D_\mu\varepsilon \tag{11.40b}$$

$$\delta b_\kappa{}^\mu=-(\bar{\varepsilon}\Gamma^\mu\psi_\kappa) \tag{11.40c}$$

$$\delta A_{\mu\nu\rho}=-\frac{3}{\sqrt{2}}\bar{\varepsilon}\Gamma_{[\mu\nu}\psi_{\rho]} \tag{11.40d}$$

に対して，11次元発散を別にして，不変であることが示されたのであった。

ところで，これまでの計算では，振率，したがって ψ_μ の高次の項をすべて無視してきた。事実，それらの項をとりいれると，(40a)は(40b-d)に対して不変ではなくなる。そこで(40)から出発して，ラグランジァンも変換則も共に修正してゆくことを試みる。その方法は，7節で，フィアツ変換を使って行った計算と本質的に同じである。これも，実際の計算は複雑なので，結果を示すにとどめる：

$$\begin{aligned}\mathscr{L}=&\frac{1}{2}bR-\frac{1}{2}b\bar{\psi}_\rho\Gamma^{\rho\mu\sigma}D_\mu\left[\frac{1}{2}(\omega+\hat{\omega})\right]\psi_\sigma-\frac{1}{48}bF_{\mu\nu\rho\sigma}F^{\mu\nu\rho\sigma}\\&-\frac{\sqrt{2}}{192}b\bar{\psi}_\mu\hat{\Gamma}^{\mu\nu\rho\sigma\kappa\tau}\psi_\nu\left(F_{\nu\rho\sigma\tau}-\frac{3}{2}\bar{\psi}_\nu\Gamma_{\rho\sigma}\psi_\tau\right)\end{aligned} \tag{11.41a}$$

$$-\frac{\sqrt{2}}{(144)^2}\varepsilon^{\alpha\beta\gamma\delta\mu\nu\rho\sigma\kappa\lambda\tau}F_{\alpha\beta\gamma\delta}F_{\mu\nu\rho\sigma}A_{\kappa\lambda\tau}$$

$$\delta\psi_\mu=2D_\mu(\hat{\omega})\varepsilon+\frac{i}{72}\tilde{\Gamma}^{\nu\rho\sigma\tau}{}_\mu(F_{\nu\rho\sigma\tau}-3\bar{\psi}_\nu\Gamma_{\rho\sigma}\psi_\tau) \tag{11.41b}$$

$$\delta b_\kappa{}^\mu=-(\bar{\varepsilon}\Gamma^\mu\psi_\kappa) \tag{11.41c}$$

$$\delta A_{\mu\nu\rho}=-\frac{3}{\sqrt{2}}\bar{\varepsilon}\Gamma_{[\mu\nu}\psi_{\rho]} \tag{11.41d}$$

ここで

$$\omega_{ij,\mu}=\omega_{\diamond ij,\mu}-\frac{i}{4}\bar{\psi}_\nu\Gamma_{\mu ij}{}^{\nu\rho}\psi_\rho+\frac{i}{2}(\bar{\psi}_\mu\Gamma_j\psi_i-\bar{\psi}_\mu\Gamma_i\psi_j+\bar{\psi}_j\Gamma_\mu\psi_i) \tag{11.41e}$$

$$\hat{\omega}_{ij,\mu}=\omega_{\diamond ij,\mu}+\frac{i}{2}(\bar{\psi}_\mu\Gamma_j\psi_i-\bar{\psi}_\mu\Gamma_i\psi_j+\bar{\psi}_j\Gamma_\mu\psi_i) \tag{11.41f}$$

である。修正の項がすべてスピン接続の修正の形でまとまっていることに注意してほしい（$\omega_{\diamond ij,\mu}$は無振率部分で，(4.20b)で与えられる）。

最後に，このラグランジアン(41a)の持つ重要な特徴として，宇宙項がゼロであることを挙げておかなければならない。もし 11 次元的な宇宙項 $-b\Lambda_{11}$ を加えたとすると，これは(41c)に対して不変ではないので，$\mathscr{L}$ の超対称不変性をこわしてしまう。宇宙項は一般座標変換や，他のほとんどの変換に対して，これ自身不変であるため，これをなんらかの対称性の議論から除外することは極めて難しい。しかし超対称変換は例外で，この問題に対して有力な武器となるようにみえる。しかしこれも万能ではない。第 1 に，コンパクト化に伴って 4 次元的な宇宙項が生ずる可能性がある。その例は次の 12 節でもみられる。第 2 に超対称性の破れが現実にある以上，11 次元的な宇宙項も，これから出てくることが可能であり，その値はやはり巨大なものとならざるを得ない。

12 節　11 次元理論のコンパクト化

7 次元トーラス　前節で構成した 11 次元の超重力理論をコンパクト化しよう。そのためには 7 次元空間をどんなものにするかえらばなくてはならない。これについては，多くの可能性があるが，ここでは，最も簡単な T^7 としてみる。すなわち，各次元が別々に円 S^1 であるというものである。さらに簡単化のために，円の半径はすべて共通の a であるとしよう。したがって，計量の 7 次元部分は

$$g_{\alpha\beta}=a^2\delta_{\alpha\beta} \tag{12.1a}$$

と書ける。これは，定数であり，したがって

$$R_7=0 \tag{12.1b}$$

である。ただ，これは「真空」に対するものであり，これからの小さなずれも取り入れることにする。そのためには(1 a)を修正して

$$g_{\alpha\beta}=a^2[\delta_{\alpha\beta}+\phi_{\alpha\beta}(x)] \tag{12.2}$$

と書いておき，結果において，$\phi_{\alpha\beta}(x)$ の2次の項まで残せばよい。この場 $\phi_{\alpha\beta}(x)$ は，明らかに4次元スカラー場であり，$\alpha,\beta(1,\cdots,7)$ はその種類を示す添字と見なされる。$g_{\alpha\beta}$ は α，β について対称であり，この性質は $\phi_{\alpha\beta}$ にもうけつがれる。したがって，全部で $7\times8/2=28$ 個のスカラー場が出現することになる。

キリングベクトルは，それぞれの S^1 に対応して，それぞれの次元で1であるから，(10.2b)に相当する11脚場は*)

$$b^A{}_M=\begin{array}{c}\\ \mu\\ \alpha\end{array}\left(\begin{array}{c:c} i & a\\ b^i{}_\mu(x) & e\mathscr{A}^a{}_\mu(x)\\ \hdashline 0 & b^a{}_\alpha(x)\end{array}\right) \tag{12.3a}$$

となる。ここで

$$b^a{}_\alpha=a\left[\delta^a_\alpha+\frac{1}{2}\phi^a{}_\alpha(x)\right] \tag{12.3b}$$

である。$b^a{}_\mu$ 成分 $e\mathscr{A}^a{}_\mu$ は7個の可換ベクトル場を表す。

11次元におけるアインシュタイン・ヒルベルトラグランジァン$(1/2)bR$ の部分については，10節の方法があてはまる。ただし，$\phi_{\alpha\beta}$ からの項を付け加えておかなければならない。特に ϕ_{ab} の運動エネルギー項のみに注目すると，それは(10.7b)の括弧の中に

$$-\frac{1}{2}g^{\mu\nu}\partial_\mu\phi_{ab}\partial_\nu\phi^{ab}+\frac{1}{4}g^{\mu\nu}\partial_\mu\phi^a{}_a\partial_\nu\phi^b{}_b \tag{12.4}$$

を加えることになる。[問題12-1：これを示せ] ここでは，場の2次の項までしかとらないので，添字 a，b，…と α，β…との間には差がないものと考えてよい。また，(10.10c)に相当して $e=\sqrt{2}\,a^{-1}$ と選び，結局アインシュタイン・ヒルベルト項として

---

*) この節では，ふたたび10節における添字の使用法にもどる。79ページの脚注を参照。また，多脚場から出てくるゲージ場には，$\mathscr{A}^a{}_\mu$ という文字を使い，A_μ の文字は反対称場から出てくる場にあてることとする。また，$\mathscr{A}_\mu$ の場の強さは $\mathscr{F}_{\mu\nu}=\partial_\mu\mathscr{A}_\nu-\partial_\nu\mathscr{A}_\mu$ と表す。

$$\mathscr{L}_{\mathrm{EH4}}=b_4b_7\left(\frac{1}{2}R_4-\frac{1}{4}\mathscr{F}^a{}_{\mu\nu}\mathscr{F}^{a\mu\nu}-g^{\mu\nu}\partial_\mu\phi_{ab}\partial_\nu\phi_{ab}-g^{\mu\nu}\partial_\mu\phi^a{}_a\partial_\nu\phi^b{}_b\right) \qquad (12.5)$$

を得る。省略されたのは $\phi^a{}_a$ を含む非線形項である。

3 階反対称場　次に，反対称場からの寄与(11.40a)の第 3 項を考えよう。まず，A_{MNP} のいずれの成分も x のみの関数であると仮定して，次のように分類する：

$$\begin{aligned}&A_{\mu\nu\lambda}\cdots\cdots\text{自由度なし},\\&A_{\mu\nu\alpha}\cdots\cdots 7\text{ 個のスピンゼロの場},\\&A_{\mu\alpha\beta}\cdots\cdots 21\text{ 個のベクトル場},\\&A_{\alpha\beta\gamma}\cdots\cdots 35\text{ 個のスピンゼロの場}\end{aligned} \qquad (12.6)$$

第 1 にあげた $A_{\mu\nu\lambda}$ は，4 次元における完全反対称場であるが，これは力学的自由度を持たない。このことは，付録Fの最後に付記したように，自由度を与える公式が，${}_2C_3$ という無意味なものとなることからも明らかである。しかし，もうひとつの扱いかたを示しておこう。

$$B^\mu=-\frac{1}{6}\frac{1}{b_4}\varepsilon^{\mu\nu\lambda\rho}A_{\nu\lambda\rho} \qquad (12.7a)$$

によって，相対な場 B^μ を導入する。具体的には

$$B^0=-\frac{1}{b_4}A_{123},\quad \cdots \qquad (12.7b)$$

などである。これについて

$$F_{\mu\nu\lambda\rho}=-\varepsilon_{\mu\nu\lambda\rho}\nabla_\sigma B^\sigma=-\varepsilon_{\mu\nu\lambda\rho}W \qquad (12.7c)$$

がただちに示せる。したがって，$F_{\mu\nu\lambda\rho}$ に関するラグランジァンは

$$-b_4\frac{1}{48}F_{\mu\nu\lambda\rho}F^{\mu\nu\lambda\rho}=\frac{1}{2}b_4W^2 \qquad (12.7d)$$

となる。ここで

$$\varepsilon_{\mu\nu\lambda\rho}\varepsilon^{\mu\nu\lambda\rho}=-24 \qquad (12.7e)$$

を使った。右辺のマイナスは $\varepsilon_{0123}=-\varepsilon^{0123}=-1$ からくる。(7d)の右辺が微分を含まないことから，W は力学的自由度を持たないことがわかる。特に，ほかの項がなければ，W による変分は $W=0$ を与える。ここで，場の強さ $F_{\mu\nu\lambda\rho}$ についてのビアンキ恒等式

$$\partial_{[\sigma}F_{\mu\nu\lambda\rho]}=0 \qquad (12.7f)$$

は，4次元では全く自動的にみたされ，何の条件をも意味しないことに注意しておこう。

次に $A_{\mu\nu\alpha}$ であるが，付録Fの公式によれば，α のそれぞれの値に対して自由度は ${}_2C_2=1$ である。これも，もうすこし具体的に表現してみよう。添字 α は，7個の場を区別するだけであるから，しばらく書かないことにして，

$$L=-\frac{1}{12}F_{\mu\nu\lambda}F^{\mu\nu\lambda} \tag{12.8a}$$

を考える。また，しばらく時空は平坦なものとして，議論を簡単化する。普通，(8a)を $F_{\mu\nu\lambda}$ ではなく $A_{\mu\nu}$ について変分する理由は，場の強さがビアンキの恒等式

$$\partial_{[\rho}F_{\mu\nu\lambda]}=0 \tag{12.8b}$$

をみたすことを取り入れるため，といってよい。$A_{\mu\nu\lambda}$ の場合と異なり，このためには特別の条件を課さなければならない。そこで(8b)を

$$\varepsilon^{\rho\mu\nu\lambda}\partial_\rho F_{\mu\nu\lambda}=0 \tag{12.8c}$$

と書き，これにラグランジュ乗係数としてスカラー場$\phi(x)$をかけた

$$L'=-\frac{1}{6}\phi\varepsilon^{\rho\mu\nu\lambda}\partial_\rho F_{\mu\nu\lambda} \tag{12.8d}$$

を(8a)に加えたものを，全ラグランジアン L_1 とし，これを $F_{\mu\nu\lambda}$ と ϕ の関数とみなす。L_1 を ϕ について変分すれば(8c)が得られることは明らかである。しかし，始めに $F_{\mu\nu\lambda}$ について変分してみる：

$$\frac{\delta L_1}{\delta F_{\mu\nu\lambda}}=-F^{\mu\nu\lambda}-\varepsilon^{\mu\nu\lambda\rho}\partial_\rho\phi=0 \tag{12.8e}$$

これから

$$F^{\mu\nu\lambda}=-\varepsilon^{\mu\nu\lambda\rho}\partial_\rho\phi \tag{12.8f}$$

となり，これを L_1 に代入すれば

$$L_1=\frac{1}{12}\varepsilon_{\mu\nu\lambda\rho}\varepsilon^{\mu\nu\lambda\sigma}\partial^\rho\phi\partial_\sigma\phi=-\frac{1}{2}\partial_\rho\phi\partial^\rho\phi \tag{12.8g}$$

を得る。ここで

$$\varepsilon_{\mu\nu\lambda\rho}\varepsilon^{\mu\nu\lambda\sigma}=-6\delta_\rho^\sigma \tag{12.8h}$$

を使った。こうして $A_{\mu\nu}$ の系は，質量ゼロのスカラー場 ϕ の系と同等であることが結論された。

$A_{\mu\alpha\beta}$ が21個のベクトル場を表すことには問題はないようにみえるが，実はスピ

ンパリティーが(1^+)の軸性ベクトルであることがあとでわかる。最後に $A_{\alpha\beta\gamma}$ であるが，これは4次元の添字をひとつも持たないスピンゼロの場である。これも，(0^-)の擬スカラー場であることが，あとでわかる。

さて，$-b(1/48)g^{MM'}g^{NN'}g^{PP'}g^{QQ'}F_{MNPQ}F_{M'N'P'Q'}$ には，実はいろいろ複雑な項が含まれている。たとえば

$$g^{\mu\mu'}g^{\nu\beta'}g^{\lambda\lambda'}g^{\gamma\gamma'}F_{\mu\nu\lambda\gamma}F_{\mu'\beta'\lambda'\gamma'}=ea^2\mathscr{A}_\beta{}^\nu F_{\mu\nu\lambda\gamma}F^{\mu\lambda\beta\gamma} + e^3\mathscr{A}^{\gamma\rho}\mathscr{A}_{\delta\rho}\mathscr{A}_\beta{}^\nu F_{\mu\nu\lambda\gamma}F^{\mu\lambda\beta\delta} \tag{12.9}$$

のようなものである。しかし，これは場について2次を越える項である。そのような相互作用の項は，とりあえず度外視して，場について2次の項のみに着目するならば

$$L'_{\mathrm{FF}}=-\frac{1}{48}F_{\mu\nu\lambda\rho}F^{\mu\nu\lambda\rho}-\frac{1}{12}F_{\mu\nu\lambda a}F^{\mu\nu\lambda a} -\frac{1}{8}F_{\mu\nu\alpha\beta}F^{\mu\nu\alpha\beta}-\frac{1}{12}\partial_\mu A_{\alpha\beta\gamma}\partial^\mu A^{\alpha\beta\gamma} \tag{12.10}$$

となり，(6)で挙げた場の運動エネルギー項から成っている。

次に(11.40a)の第4項を考える。これは場について3次以上の相互作用項で，すぐ前の考察では無視した部類に属するが，ある種の場のパリティーを決めるのに役立つ部分がある。第1に

$$\varepsilon^{\mu\nu\lambda\rho}\varepsilon^{abcdefg}F_{\mu\nu ab}F_{\lambda\rho cd}A_{efg} \tag{12.11a}$$

という部分をみる。ここで，添字の区別をはっきりさせるために，7次元的な部分は，平らな空間の添字 $a, b, \cdots$で表した。4次元の ε と4次元的なテンソル $F_{\mu\nu}$ と $F_{\lambda\rho}$ をかけ合わせたものは，擬スカラーであることが知られている。したがって，添字が全部7次元的な A_{ijk} は擬スカラーでなければならない。同様に

$$\varepsilon^{\mu\nu\lambda\rho}\varepsilon^{abcdefg}F_{\mu\nu\lambda a}(\partial_\rho A_{bcd})A_{efg} \tag{12.11b}$$

において，(8f)に7次元的な添字aをつけた式を代入すると，ϕ_a はスカラー(0^+)であることが確かめられる。

また，A_{MNP} に対する一般座標変換を考えてみる：

$$A'_{M'N'P'}(z')=\frac{\partial z^M}{\partial z'^{M'}}\frac{\partial z^N}{\partial z'^{N'}}\frac{\partial z^P}{\partial z'^{P'}}A_{MNP}(z) \tag{12.12a}$$

特に無限小変換 $z^M\to z'^M=z^M-\xi^M$ に対してこれは

$$\delta A_{M'N'P'} = -(\partial_{M'}\xi^{M})A_{MN'P'} - (\partial_{N'}\xi^{N})A_{M'NP'} - (\partial_{P'}\xi^{P})A_{M'N'P} \tag{12.12b}$$

となるが，$M'=\mu, N'=\nu, P'=\alpha$，$\xi^{\mu}=0$ とおき，ξ^{α} は y に依存しない場合を考えてみると

$$\delta A_{\mu\alpha\beta} = -(\partial_{\mu}\xi^{\gamma})A_{\alpha\beta\gamma} \tag{12.12c}$$

となる。ξ^{γ} は4次元的なスカラー (0^{+}) とみなすべきであり，またすぐ前に $A_{\alpha\beta\gamma}$ は擬スカラー 0^{-} であることを確かめたのであるから，$A_{\mu\alpha\beta}$ は4次元的な軸性ベクトル (1^{+}) であるべきことが結論される。しかしながら，これは適当な相対変換によって，普通のベクトル場 $C^{\alpha\beta}{}_{\mu}$ でおきかえることができる。[問題 12-2：これを示せ]

これまでの解析によって，ボゾンの種類と数は全部わかったことになる。まとめると

スピンパリティ	$b^{A}{}_{M}$	A_{MNP}	計
2^{+}	$1(b^{i}{}_{\mu})$	0	1
1^{-}	$7(\mathscr{A}^{a}{}_{\mu})$	$21(C^{ab}{}_{\mu})$	28
0^{+}	$28(g_{\alpha\beta})$	$7(\phi^{a})$	35
0^{-}	0	$35(A_{abc})$	35

かくれた対称性　ここで，総計の数に注目しよう。スピン1の数は ${}_{8}C_{2}$，スピン0の数は70で，これは ${}_{8}C_{4}$ に等しい。すなわち，$SO(8)$ の既約表現に一致しており，7節の60ページで計算した $N=8$ の超重力理論から予想される数とちょうど一致しているのである。この理論は，局所ロレンツ系の7次元部分からくる $SO(7)$ の対称性は元来含まれていて，それが $b^{A}{}_{M}$，A_{MNP} それぞれから得られる4次元的な場の数に反映しているのであるが，総計すると，思いもかけず，$SO(8)$ の特徴が出現したのである。この意味で，$SO(8)$ は，「かくれた対称性」と呼ばれている。この理論には，実はもっと大きい対称性がかくされている（$SU(8)$，E_{7}）のであるが，ここでは立ち入らないことにする。

フェルミオン　続いて，今度はフェルミオンに入ろう。ボゾンの場合と同じように，場について2次（正確には双1次形式）の項のみを考えることにする。すなわち，

(11.6)の $\mathscr{L}_{\mathrm{RS}}$ に注目する：

$$\mathscr{L}_{\mathrm{RS}}=-\frac{1}{2}b\bar{\psi}_M\Gamma^{MNP}D_N\psi_P \tag{12.13}$$

これに，

$$\psi_N=b^A{}_N\psi_A=b^i{}_N\psi_i+b^a{}_N\psi_a \tag{12.14}$$

を代入する。ここで11脚場としては，真空の値 $b^a{}_\mu=0$，$b^a{}_\alpha=a\delta^a_\alpha$ を使う。さらに，ゼロモード仮定(3a)に対応して，(14)に現れる平らな時空の添字を持つ ψ_i と ψ_a はともに y には依存しないとする。また，T^7 の場合には，$\omega^{MN}{}_{,\alpha}$ はゼロであるので，共変微分は4次元部分 D_μ しか存在しない。こうして(13)は

$$\mathscr{L}_{\mathrm{RS}}=-\frac{1}{2}b(\bar{\psi}_i\Gamma^{i\mu j}D_\mu\psi_j+\bar{\psi}_i\Gamma^{i\mu b}D_\mu\psi_b+\bar{\psi}_a\Gamma^{a\mu j}D_\mu\psi_j+\bar{\psi}_a\Gamma^{a\mu b}D_\mu\psi_b) \tag{12.15a}$$

となる。Γの添字にギリシャ添字とラテン添字を混用したが，その意味は明瞭であろう。

ψ_i あるいは ψ_μ は，4次元におけるラリタ・シュウィンガー場で，スピン3/2の場を示す。一方 ψ_a の添字 a は4次元での変換には全く無関係であるから，これは4次元的にスピン1/2の場である。(15a)の(　)の中の第2項，第3項は，これら2種類の場の間の混合を表している。これは，次のように新しいラリタ・シュウィンガー場 ψ_i' を導入することによって，取り除くことができる：[問題12-3：これを示せ]

$$\psi_j=\psi_j'-\frac{1}{2}\Gamma_j\Gamma^b\psi_b \tag{12.15b}$$

実際，(15b)を代入し，最後の結果でプライムを取り除くと(15a)は

$$\mathscr{L}_{\mathrm{RS}}=\mathscr{L}_{3/2}+\mathscr{L}_{1/2} \tag{12.15c}$$

$$\mathscr{L}_{3/2}=-\frac{1}{2}b_4a^7\bar{\psi}_i\Gamma^{i\mu j}D_\mu\psi_j \tag{12.15d}$$

$$\mathscr{L}_{1/2}=-\frac{1}{2}b_4a^7\bar{\psi}_a\left(\frac{1}{2}\Gamma^a\Gamma^b+\delta^{ab}\right)\not{D}_4\psi_b \tag{12.15e}$$

という形になり，スピン3/2と，スピン1/2とが分離された。

(15d)は8個の，スピン3/2の場を表す。なぜならば，ψ_i は32成分であり，これは4成分の ψ_i が8組あると思えばよい。この点をもっとはっきり表現するには，ψ_i の32成分を4成分ずつ，8組にわけ，その8組につける番号を p で表す($p=1,2,$

…, 8)*)。これは，4節で説明した構成法で，4次元の4×4のガンマ行列にかける8×8の行列の，行と列を指定する番号にほかならない。この添字だけを明示して ψ_{ip} と書くことにすると，結局(15d)は

$$\mathscr{L}_{3/2}=-\frac{1}{2}b_4a^7\bar{\psi}_{ip}\gamma^{i\mu j}D_\mu\psi_{jp} \tag{12.16}$$

となり，8個の独立な(マヨラナ)ラリタ・シュウィンガー場を記述することが明確になる。さらに，添字 p で区別される8個の ψ_i は $SO(8)$ のベクトル(8次元)表現としてふるまうことがわかる。[問題12-4：これを示せ] (16)は，この $SO(8)$ に対して明らかに不変であり，ここにも「かくれた対称性」が現れている。

次に(15e)に移ろう。8×8の行列で

$$\hat{C}=\hat{C}^{-1},\qquad \hat{C}^T=\hat{C} \tag{12.17a}$$

$$\hat{C}\Gamma^a\hat{C}=-\Gamma^{aT} \tag{12.17b}$$

をみたす $\hat{C}$ を導入する。[問題12-5：これを具体的に構成せよ] または，ψ_i に対して行ったと同じように，32成分の $\psi_a(a=1, 2, \cdots, 7)$ の4成分のスピノル添字を省略して ψ_{pa} と書く $(p=1, 2, \cdots, 8)$。この記法で，

$$\Psi_{pqr}=\frac{3}{\sqrt{2}}(\Gamma^a\hat{C})_{[pq}\psi_{r]a} \tag{12.18a}$$

を定義する。(17)により

$$(\Gamma^a\hat{C})_{pq}=-(\Gamma^a\hat{C})_{qp} \tag{12.18b}$$

であるから，(18a)は

$$\Psi_{pqr}=\frac{1}{\sqrt{2}}\Big[(\Gamma^a\hat{C})_{pq}\psi_{ra}+(\Gamma^a\hat{C})_{qr}\psi_{pa}+(\Gamma^a\hat{C})_{rp}\psi_{qa}\Big] \tag{12.18c}$$

と書ける。また

$$\overline{\Psi}_{pqr}=\frac{1}{\sqrt{2}}\Big[\bar{\psi}_{rb}(\hat{C}\Gamma^b)_{pq}+\bar{\psi}_{qb}(\hat{C}\Gamma^b)_{rp}+\bar{\psi}_{pb}(\hat{C}\Gamma^b)_{qr}\Big] \tag{12.18d}$$

である。これにより，

$$\begin{aligned}\overline{\Psi}_{pqr}\not{D}_4\Psi_{pqr}&=\frac{3}{2}\bar{\psi}_a[-\mathrm{Tr}(\Gamma^a\Gamma^b)+2(\Gamma^b\Gamma^a)]\not{D}_4\psi_b\\&=-6\bar{\psi}_a(\delta^{ab}+\frac{1}{2}\Gamma^a\Gamma^b)\not{D}_4\psi_b\end{aligned} \tag{12.18e}$$

---

*)　添字 p, q, r をこのような意味で使うのは次のページまでである。

を得る。(15e)とくらべると

$$\mathscr{L}_{1/2}=\frac{1}{12}b_4a^7\overline{\Psi}_{pqr}\not{D}_4\Psi_{pqr} \qquad (12.18\mathrm{f})$$

と書けることがわかる。

Ψ_{pqr}は，三つの添字について完全反対称であるから，独立な成分の数は${}_8C_3=56$である。これは，ϕ_{ip}におけるのと同様の議論によって，$SO(8)$の56次元テンソル表現であることが示される。結局，スピン3/2，1/2ともに，7節で説明した$N=8$の超重力理論と完全に同じ多重度であることが確かめられた。

7次元球面　これまでは，7次元空間としてT^7という平坦で簡単なものを仮定したきたが，次にコンパクトで，曲がった空間の代表として7次元球S^7を考えてみる。これは，9節の終りで述べたように$SO(8)/SO(7)$であるから，ゲージ群$SO(8)$のゲージ場として${}_8C_2=28$のヤン・ミルズ場が現れる。その他にスカラー場や3階反対称場が現れるが，これらはS^7の上の調和関数に展開し，相互の間の混合を除去して質量ゼロの場をとりだす。また，このような場について$N=1$の超対称性が成り立つことが示されるが，その詳細にはいることは本書の範囲を越える。しかし，S^7によるコンパクト化には，その真空について非常に興味ある可能性があるので，それを簡単に説明しておこう。

真空であるから，ベクトル場であるゲージ場はゼロとおく。ベクトル場がゼロでないとすると，時空の中にそのベクトルで指定される特別の方向が存在し，真空の時空の等方性に反することとなる。似たような理由で，フェルミオン場もゼロとおく。これに反して，F_{MNPQ}は必ずしもゼロでないことが可能である。特にその4次元部分は

$$F^{\mu\nu\lambda\rho}=\frac{f}{\sqrt{-g}}\varepsilon^{\mu\nu\lambda\rho} \qquad (12.19\mathrm{a})$$

という値を持ちうることがFreundとRubinによって示された。ここでfは定数であり，またgは4次元的な$\det(g_{\mu\nu})$である。$\varepsilon^{\mu\nu\lambda\rho}$は，前にも述べたように0または$\pm1$という純粋の数であるから，これはテンソル密度であり，テンソルを得るために$\sqrt{-g}$で割ってある。それをのぞけば，(19a)の右辺は定数テンソルであり，ちょうど$\eta_{\mu\nu}$が定数テンソルであるのと同じ事情である。ただし，これが可能なのは，4次元に限ることは明らかである。このことから，4階の反対称テンソルを含む理論に

とって，4 次元は特別の意味を持つということができよう。そこで

$$他の\quad F^{MNPQ}=0 \tag{12.19b}$$

と仮定するのは，合理的であろう。

S^7 については

$$R_{\alpha\beta,\gamma\delta}=\Lambda_7(g_{\alpha\gamma}g_{\beta\delta}-g_{\alpha\delta}g_{\beta\gamma}) \tag{12.20a}$$

である。ここで係数 Λ_7 は，S^7 の半径 a によって

$$\Lambda_7=a^{-2} \tag{12.20b}$$

と与えられる。4 次元時空については

$$R_{\mu\nu,\lambda\rho}=\Lambda_4(g_{\mu\lambda}g_{\nu\rho}-g_{\mu\rho}g_{\nu\lambda}) \tag{12.21a}$$

を仮定する。もし $\Lambda_4=0$ ならばミンコフスキー時空であるが，もうすこし一般的な形を仮定しておく必要がある。$\Lambda_4>0$ なら時空は閉じており，ドゥシター時空と呼ばれる。反対に $\Lambda_4<0$ の場合は開いた時空で，反ドゥシター時空と名付けられている。これらは，宇宙論的なモデルとしてよく議論されるが，いずれにしても，(12.21a)は「最大限に対称な」時空を表している。すなわち，一様等方であり，真空としてもっともな性質を具えている。もちろん，リーマンテンソルの(20a)，(21a)以外の成分はゼロとする：

$$他の\quad R_{MN,PQ}=0 \tag{12.21b}$$

以上，(19)-(21)が真空においてもゼロでなく残る量である。

真空の方程式と解　さて，フェルミオンをゼロとおいた場合，11 次元のアインシュタイン方程式は

$$\begin{aligned} G_{MN} &= T_{MN} \\ &=\frac{1}{6}F_{MPQR}F_N{}^{PQR}+\frac{1}{48}g_{MN}F_{PQRS}F^{PQRS} \end{aligned} \tag{12.22}$$

である。これは(11.40a)の第 3 項からくるものである。(11.40a)の最後の項は b を含まないので T_{MN} に寄与しない。また，反対称場の方程式は

$$\nabla_M F^{MNPQ}-\frac{\sqrt{2}}{1152}\varepsilon^{NPQRSTUVWXY}F_{RSTU}F_{VWXY}=0 \tag{12.23a}$$

であるが，(19b)を仮定すると，第 2 項（これは(11・40a)の最後の項からの寄与）はすべて消失し，意味のあるのは

$$\nabla_\mu F^{\mu\nu\lambda\rho}=\frac{1}{\sqrt{-g}}\partial_\mu(\sqrt{-g}\,F^{\mu\nu\lambda\rho})=0 \tag{12.23b}$$

のみとなる。(19a)がこれを満たしていることは明らかである。

さて，(22)の右辺を計算する。まず $F_{\mu\nu\lambda\rho}=g_{\mu\mu'}g_{\nu\nu'}g_{\lambda\lambda'}g_{\rho\rho'}F^{\mu'\nu'\lambda'\rho'}$ とおいて(19a)を代入するが，

$$g_{\mu\mu'}g_{\nu\nu'}g_{\lambda\lambda'}g_{\rho\rho'}\varepsilon^{\mu'\nu'\lambda'\rho'}=-g\varepsilon_{\mu\nu\lambda\rho} \tag{12.24}$$

を使う。これを証明するには，$\mu=0$，$\nu=1$，$\lambda=2$，$\rho=3$ とおいてみると左辺は det $(g_{\mu\nu})=g$ となり，$\varepsilon_{0123}=-1$ であることに注意すると，右辺に一致することを見ればよい。こうして

$$F_{\mu\nu\lambda\rho}=\frac{f}{\sqrt{-g}}(-g)\varepsilon_{\mu\nu\lambda\rho}=f\sqrt{-g}\,\varepsilon_{\mu\nu\lambda\rho} \tag{12.25}$$

を得る。また(7e)を使って

$$F_{\mu\nu\lambda\rho}F^{\mu\nu\lambda\rho}=f^2\varepsilon_{\mu\nu\lambda\rho}\varepsilon^{\mu\nu\lambda\rho}=-24f^2 \tag{12.26}$$

も得られる。さらに

$$F_{\mu\lambda\rho\sigma}F_\nu{}^{\lambda\rho\sigma}=-6f^2g_{\mu\nu} \tag{12.27a}$$

である。ここでは(8h)から導かれる

$$\varepsilon_{\mu\lambda\rho\sigma}\varepsilon_\nu{}^{\lambda\rho\sigma}=-6g_{\mu\nu} \tag{12.27b}$$

を使った。

こうして

$$T_{\mu\nu}=-\frac{3}{2}f^2g_{\mu\nu} \tag{12.28a}$$

$$T_{\alpha\beta}=-\frac{1}{2}f^2g_{\alpha\beta} \tag{12.28b}$$

$$T_{\mu\beta}=0 \tag{12.28c}$$

が得られる。一方，(20a)，(21a)から

$$R_{\mu\nu}=3\Lambda_4g_{\mu\nu},\qquad R_{\alpha\beta}=6\Lambda_7g_{\alpha\beta} \tag{12.29a}$$

$$R_4=12\Lambda_4,\qquad R_7=42\Lambda_7 \tag{12.29b}$$

$$G_{\mu\nu}=(-3\Lambda_4-21\Lambda_7)g_{\mu\nu} \tag{12.30a}$$

$$G_{\alpha\beta}=(-6\Lambda_4-15\Lambda_7)g_{\alpha\beta} \tag{12.30b}$$

が得られる。(28)および(30)を(22)に代入すると

$$-3\Lambda_4-21\Lambda_7=-\frac{3}{2}f^2 \tag{12.31a}$$

$$-6\Lambda_4-15\Lambda_7=-\frac{1}{2}f^2 \tag{12.31b}$$

という代数方程式を得る。この解は

$$\Lambda_4=-\frac{4}{27}f^2, \qquad \Lambda_7=\frac{5}{54}f^2 \tag{12.31c}$$

となる。(20b)によれば S^7 の半径が反対称場の真空値 f によって与えられることがわかる。これからさらに

$$\Lambda_4=-\frac{8}{5}a^{-2}<0 \tag{12.32b}$$

が得られる。これは，4次元宇宙が，S^7 と同程度の大きさの反ドゥシター時空であるべきことを示す。a がプランクの長さ $\sim 10^{-33}$cm であるとすると，われわれの4次元宇宙もそれくらいの小ささであることとなり，これは現実的ではない。しかし，Λ_4 は4次元的な宇宙定数でもあり，これは超重力理論に限らず，素粒子と重力がたがいに関与する場面では必ず登場する難問である。この問題に対する解決法が別に有り得るとするならば，上の例は，コンパクト化の数学的実例として興味ある示唆を含むものと言えよう。

その後の発展　既に述べたように，この理論から得られるゲージ対称性は $SO(8)$ であり大統一理論として期待される $SU(5)$や $SO(10)$ を収容することはできない。ところが，大統一理論を経由することなく，強，弱，電磁相互作用をそのまま表す $SU(3)\times SU(2)\times U(1)$ を直接導けばよいという提案もある。まず $U(1)$ ゲージ場は，9節で説明したように S^1 から得られる。また $SU(2)\sim SO(3)$ のゲージ対称性が S^2 から導かれることは，やはり9節で示された通りである。最後に $SU(n+1)/SU(n)=CP_n$ であることが知られている。ここで CP_n は n次元複素射影空間である。すなわち，実数で4次元である CP_2 の上で $SU(3)$のキリングベクトルが表現できるのである。こうして $SU(3)\times SU(2)\times U(1)$ というゲージ対称性は，$CP_2\times S^2\times S^1$ という合計7次元の直積空間の等長変換不変性から導かれる可能性があることがわかる。

しかし，今考えている形の11次元理論にはもっと深刻な困難がある。すなわち，4次元におけるカイラルフェルミオンを作り出すことができないことである。問題9-3に関係して強調したように，カイラルフェルミオンの存在は，理論が現実的であるために必須の条件である。しかし11次元理論は2重の意味で，この条件に合致し

ない。第1に，9節でも述べたように内部空間のサイズがフェルミオンのゼロモードを許さない。ただし，ゲージ場の位相的配位によってゼロモードを作り出すことができる。しかし，このゲージ場は10節で出合ったような，内部空間の等長変換からくるものではあり得ず，11次元で既に導入しておかなければならない。その理由をたどると，10節の終り近くで触れたように，等長変換に起因するゲージ場は11脚場の一部の成分であって，11次元では接続場ではないことに帰着する。多次元で始めからゲージ場をいれておくのは，カルーザの元来の精神に反するとも言えるが，とにかくこれがひとつの解決法である。

次に，仮にゼロモードが存在し得たとしても，必ずしもカイラルフェルミオンとはならない理由がある。それは奇数次元である11次元には，4節で述べたように，本来カイラル性が欠如しているからである。このため，4次元においても，右まきと左まきのどちらかをえらびだす要因が，理論の中に用意されていないのであり，両者が対等に現れるベクトル理論となってしまう。これは奇数次元理論の致命的な欠点である。

これが重要な動機のひとつとなって，しだいに10次元のアインシュタイン・ヤン・ミルズ理論が注目されるようになり，さらに超弦理論へと近づいていったのである。ちなみに10次元は，まさに超対称性をもつ弦の量子論が矛盾なく定式化できる臨界次元に外ならない。10次元の超重力理論は，11次元の理論から1次元だけをコンパクト化することによっても得られるが，またそれとは異なった，10次元固有の理論を作ることもできる。それぞれ異なった超弦理論に対応し，新しい発展の場となっているが，本書はひとまずここで終りとしたい。

付録 A　多脚場の幾何学的意味

まず最も簡単な例として，半径 1 の 2 次元球面 S^2 の上での 2 脚場を考えてみよう。3 次元の直交空間の中で，図 A 1 のように極座標を導入する。すなわち

$$x=\sin\theta\cos\phi,\ y=\sin\theta\sin\phi,\ z=\cos\phi \tag{A.1}$$

である。座標 θ，ϕ の点 P で，$\phi=$ 一定の曲線，すなわち子午線に，θ が増す方向に引いた接線で，長さ 1 のベクトルを $\vec{b}^1$ と書く。またこれに直交し，$\theta=$一定の等緯度線に，ϕ が増大する方向に引いた単位接線を $\vec{b}^2$ とする。図 A 1 からそれぞれの直交成分を求めると

$$\begin{aligned} &b^1{}_x=\cos\theta\cos\phi,\ b^1{}_y=\cos\theta\sin\phi,\ b^1{}_z=-\sin\theta \\ &b^2{}_x=-\sin\phi,\quad b^2{}_y=\cos\phi,\quad b^2{}_z=0 \end{aligned} \tag{A.2}$$

となる。これからさらに，共変 θ，ϕ 成分を計算する。たとえば

$$b^1{}_\theta=\frac{\partial x}{\partial\theta}b^1{}_x+\frac{\partial y}{\partial\theta}b^1{}_y+\frac{\partial z}{\partial\theta}b^1{}_z=1 \tag{A.3}$$

となる。ここで(A.1)を使った。同様にして

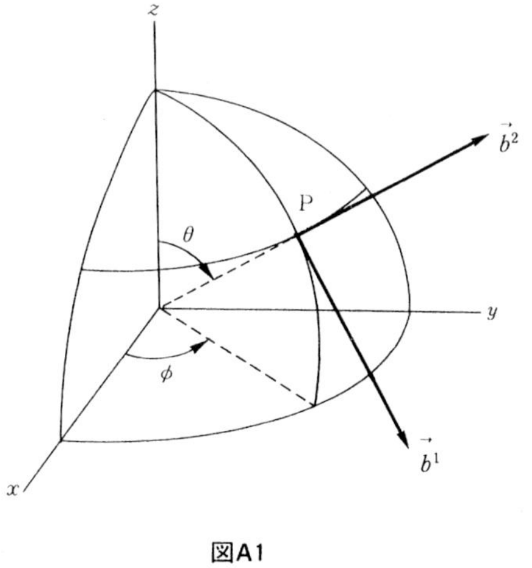

図A1

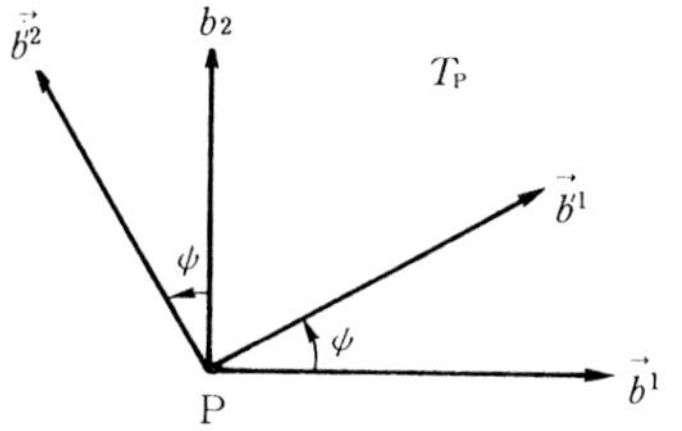

図A2

$$\begin{aligned} b^1{}_\theta &= 1, \qquad b^1{}_\phi = 0 \\ b^2{}_\theta &= 0, \qquad b^2{}_\phi = \sin\theta \end{aligned} \tag{A.4}$$

を得る。これから本文の(2.8 a)により

$$g_{\mu\nu} = \begin{matrix} & \theta & \phi \\ \theta & 1 & 0 \\ \phi & 0 & \sin^2\theta \end{matrix} \tag{A.5}$$

が直ちに得られる。

二つの接線ベクトル $\vec{b}^1$ と $\vec{b}^2$ は点 P における接平面 T_{P} を張るが，この面内で，図 A 2のような直交回転を行うことができる。新しい接線ベクトルを $\vec{b}'^1$, $\vec{b}'^2$ と書くと

$$\begin{aligned} \vec{b}'^1 &= \vec{b}^1\cos\psi + \vec{b}^2\sin\psi \\ \vec{b}'^2 &= -\vec{b}^1\sin\psi + \vec{b}^2\cos\psi \end{aligned} \tag{A.6a}$$

のように表される。あるいは

$$\begin{aligned} b'^1_\theta &= \cos\psi, \qquad & b'^1_\phi &= \sin\theta\sin\psi \\ b'^2_\theta &= -\sin\psi, \qquad & b'^2_\phi &= \sin\theta\cos\psi \end{aligned} \tag{A.6b}$$

である。これらは，座標一定の線，すなわち子午線や等緯度線に対して角度 ψ をなし，これらを接線とする曲線群の網目によって球面を覆うことができる。任意の ψ に対して，本文の(2.8 a)は同じ計量(5)を与える。

以上の議論を一般化して，D 次元の超曲面が，もっと次元の高い空間の中に埋め込まれているとしてみよう(図 A 3)。この面が，互いに直交する D 組の曲線群 (C_i) の網目で覆われていると考える $(i=1,2,\cdots,D)$。それぞれの曲線にはパラメター λ^i がつけられている。特にこの λ^i が，曲線に沿って計った距離そのものであるとする。当然 λ^i は座標 x^μ の関数である。

さて一点 P で曲線 C_i に接線を引く。このベクトルの反変成分は

$$\frac{\partial x^\mu}{\partial \lambda^i} \equiv b_i{}^\mu \tag{A.7}$$

によって与えられる。ここで微分は C_i に沿って行われるのはもちろんである。これに，「座標基底」$\partial/\partial x^\mu$ をかけると接線ベクトルそのものとなるが，それは(7)により

$$b_i{}^\mu \frac{\partial}{\partial x^\mu} = \frac{d}{d\lambda^i} \tag{A.8}$$

と書ける。すなわち，$b_i{}^\mu$ は接線ベクトル $d/d\lambda^i$ を座標基底で展開したときの反変成

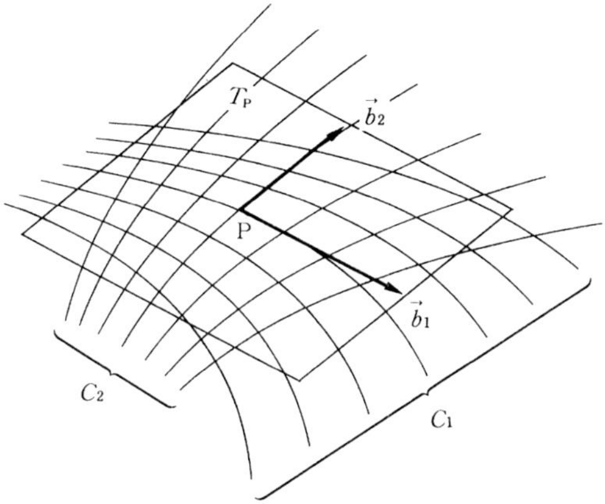

図A3

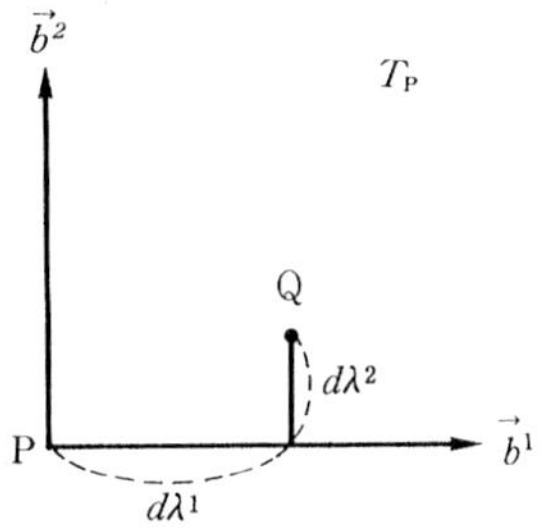

図A4

分である。D 本のこのようなベクトルがPにおける接平面 T_P を決定する。

次にPに接して T_P の上にもう一つの点Qをとる。これらの座標の差を dx^μ とする。もしQがPを通るひとつの曲線 C_i の上にあれば，PQ 間の距離は

$$d\lambda^i=\frac{\partial\lambda^i}{\partial x^\mu}dx^\mu\equiv b^i{}_\mu dx^\mu \tag{A.9a}$$

と書ける。この $b^i{}_\mu$ が，(7)の $b_i{}^\mu$ の逆行列となっていることは明らかである。もし点QがPを通る曲線のどれにも乗っていないならば(図A4)，PQ 間の距離の2乗は

$$ds^2=\delta_{ij}d\lambda^i d\lambda^j=\delta_{ij}b^i{}_\mu b^j{}_\nu dx^\mu dx^\nu \tag{A.9b}$$

で与えられる。これを $g_{\mu\nu}dx^\mu dx^\nu$ とおくならば，

$$g_{\mu\nu}=\delta_{ij}b^i{}_\mu b^j{}_\nu \tag{A.10}$$

となり，(9a)で導入された $b^i{}_\mu$ が多脚場であることが確認された。

なお，(9a)における $d\lambda^i$ は(8)のベクトル $d/d\lambda^i$ に対して相対な「1形式」であり，$b^i{}_\mu$ はこれを「相対基底」，または「基底1形式」dx^μ で展開したときの共変成分である，ということができる。

付録B　一般の次元での荷電共役

まず偶数次元を考え，$D=2d$ とおく。ガンマ行列は $2^d\times2^d$ であり，したがって独立な行列の数は $2^d\cdot2^d=2^D$ である。$\Gamma_\mu(\mu=0,\cdots,D-1)$ はクリフォード代数

$$\{\Gamma_\mu,\ \Gamma_\nu\}=2\eta_{\mu\nu}=2\mathrm{diag}(-++\cdots+) \tag{B.1}$$

をみたす定数行列とする（したがって，この付録Bでは，$\mu, \nu, \cdots$は局所ロレンツ変換の添字である）。r 階の完全反対称テンソル行列

$$\Gamma_{\mu_1\cdots\mu_r}=\Gamma_{[\mu_1}\cdots\Gamma_{\mu_r]} \tag{A.2}$$

を作る。$r=0$ なら単位行列，$r=1$ なら Γ_μ 自身である。これらは，それぞれ ${}_DC_r$ 個ずつ存在し，総和は 2^D である。これらの全体は1次独立な基底を与える。

荷電共役は

$$\Gamma_\mu{}^T=-C\Gamma_\mu C^{-1} \tag{B.3}$$

となるようなユニタリー行列 C

$$C^\dagger=C \tag{B.4}$$

によって与えられる。

(3)の転置（T で表す）をとると

$$\Gamma_\mu=-(C^T)^{-1}\Gamma_\mu{}^T C^T \tag{B.5a}$$

となるが，右辺に(3)をふたたび代入すると

$$\begin{aligned}\Gamma_\mu&=(C^T)^{-1}C\Gamma_\mu C^{-1}C^T\\&=(C^{-1}C^T)^{-1}\Gamma_\mu(C^{-1}C^T)\end{aligned} \tag{B.5b}$$

を得る。これがすべての μ について成り立つためには $C^{-1}C^T$ が定数行列でなければならない。Cの大きさを適当に選んで

$$C^{-1}C^T=\varepsilon=\pm1 \tag{B.6a}$$

とおいてよい。すなわち

$$C^T=\varepsilon C \tag{B.6b}$$

である。

ところでマヨラナスピノルは

$$\psi=C\overline{\psi}^T \tag{B.7}$$

によって定義される。(7)のエルミート共役（†で表す）を作ると

$$\psi^{\dagger}=\psi^{T}(-i\Gamma_0)C^{\dagger}=\psi^{\dagger}(-i\Gamma_0)C^{-1} \tag{B.8a}$$

となる。ここで

$$\bar{\psi}=\psi^{\dagger}(-i\Gamma_0)\quad(-i\Gamma_0=i\Gamma_0{}^{\dagger}:\text{エルミート}) \tag{B.8b}$$

および(4)を使った。(8 a)に右から $-i\Gamma_0$ をかけると

$$\bar{\psi}=\psi^{T}(-i\Gamma_0)C^{-1}(-i\Gamma_0) \tag{B.8c}$$

となるが，(3)によれば

$$\Gamma_0 C^{-1}=-C^{-1}\Gamma_0{}^{T}=-C^{-1}\Gamma_0 \tag{B.8d}$$

であり，また $(\Gamma_0)^2=-1$ であるから

$$\bar{\psi}=-\psi^{T}C^{-1} \tag{B.8e}$$

となる。右から C をかけると

$$\bar{\psi}C=-\psi^{T} \tag{B.8f}$$

さらに転置して

$$\psi=-C^{T}\bar{\psi}^{T} \tag{B.8g}$$

を得る。これと(7)とを比べると

$$C=-C^{T} \tag{B.9a}$$

あるいは

$$\varepsilon=-1 \tag{B.9b}$$

でなければならないことがわかる。

次に $C\Gamma_{\mu_1\cdots\mu_r}$ なる量を考えると，これはやはり独立な行列を与える。これの転置を作ると

$$\begin{aligned}(C\Gamma_{\mu_1\cdots\mu_r})^{T}&=(\Gamma_{[\mu_1}\cdots\Gamma_{\mu_r]})^{T}C^{T}\\&=-\Gamma^{T}{}_{[\mu_r}\cdots\Gamma^{T}{}_{\mu_1]}C\end{aligned} \tag{B.10a}$$

となる。ここで(9 b)を使った。さらに(3)によってこれは

$$=-(-1)^{r}C\Gamma_{[\mu_r}\cdots\Gamma_{\mu_1]} \tag{B.10b}$$

となるが，$1\cdots r$ を $r\cdots 1$ にならべかえるためには

$$1+2+\cdots+(r-1)=\frac{1}{2}r(r-1) \tag{B.10c}$$

より，$r(r-1)/2$ 回の交換をしなければならず

$$\Gamma_{[\mu_r}\cdots\Gamma_{\mu_1]}=(-1)^{\frac{1}{2}r(r-1)}\,\Gamma_{[\mu_1}\cdots\Gamma_{\mu_r]} \tag{B.10d}$$

となる。したがって(10 b)は

$$(C\Gamma_{\mu_1\cdots\mu_r})^T = -(-1)^{\frac{1}{2}r(r+1)}(C\Gamma_{\mu_1\cdots\mu_r}) \tag{B.10e}$$

となる。つまり $C\Gamma_{\mu_1\cdots\mu_r}$ は $r(r+1)/2$ が偶数か奇数かに応じて反対称，または対称行列となる。反対称行列の総数を求めるには

$$\mathcal{N} = \sum_{r=0}^{D} \frac{1}{2}[1+(-1)^{\frac{1}{2}r(r+1)}]_D C_r \tag{B.11}$$

を計算すればよい。${}_DC_r$ は $\Gamma_{\mu_1\cdots\mu_r}$ の数，残りは $r(r+1)/2$ が偶数であるときを拾いだす射影演算子である。

ところで

$$(-1)^{\frac{1}{2}r(r+1)} = (-1)^{\frac{1}{2}r^2}(-1)^{\frac{1}{2}r} \tag{B.12a}$$

であるが，特に $(-1)^{\frac{1}{2}r^2} = i^{r^2}$ に注目しよう。$r=0,1,2,\cdots$ としてみると，これは $1,i,1,i,\cdots$ となることがわかる。すなわち r が偶数か奇数かに応じて 1 か i になる。これをまた射影演算子を使って

$$(-1)^{\frac{1}{2}r^2} = \frac{1}{2}[1+(-1)^r] + i\frac{1}{2}[1-(-1)^r] \tag{B.12b}$$

と表そう。あるいは $(-1)^r = (-1)^{-r}$ なることを使って

$$(-1)^{\frac{1}{2}r^2} = \frac{1}{2}[(1+i)+(1-i)(-1)^{-r}] \tag{B.12c}$$

と書くこともできる。これを(12 a)に代入すると

$$\begin{aligned}(-1)^{\frac{1}{2}r(r+1)} &= \frac{1}{2}[(1+i)(-1)^{\frac{r}{2}} + (1-i)(-1)^{-\frac{r}{2}}] \\ &= \frac{1}{2}[(1+i)i^r + (1-i)(-i)^r]\end{aligned} \tag{B.12d}$$

を得る。これを(11)に代入すると

$$\begin{aligned}\mathcal{N} &= \frac{1}{2}\sum_{r=0}^{D} {}_DC_r + \frac{1}{4}(1+i)\sum_{r=0}^{D} i^r {}_DC_r + \frac{1}{4}(1-i)\sum_{r=0}^{D}(-i)^r {}_DC_r \\ &= \frac{1}{2}2^D + \frac{1}{4}(1+i)(1+i)^D + \frac{1}{4}(1-i)(1-i)^D \\ &= \frac{1}{2}2^D + \frac{1}{4}[(\sqrt{2}e^{i\pi/4})^{D+1} + (\sqrt{2}e^{-i\pi/4})^{D+1}] \\ &= \frac{1}{2}2^D + \frac{1}{\sqrt{2}}2^d \cos\left[\frac{\pi}{4}(D+1)\right]\end{aligned} \tag{B.13a}$$

となる。一方，この $\mathcal{N}$ は $2^d \times 2^d$ の行列で反対称なものの数に等しいはずで，それは

$$\frac{1}{2}2^d(2^d-1)=\frac{1}{2}2^D-\frac{1}{2}2^d \tag{B.13b}$$

である。(13 a) と (13 b) とを等置して

$$\cos\left[\frac{\pi}{4}(D+1)\right]=-1/\sqrt{2} \tag{B.14a}$$

を得る。これから

$$\frac{D+1}{4}=-\frac{3}{4},\frac{3}{4} \qquad (\text{mod} \quad 2) \tag{B.14b}$$

でなければならないことがわかる。あるいは

$$D=2,4 \qquad (\text{mod} \quad 8) \tag{B.15a}$$

という結果が得られる。つまりマヨラナスピノルが存在しうる次元数は

$$2, 4, 10, 12, \cdots \tag{B.15b}$$

に限られるのである。

次に奇数次元を考える。$D=2d+1$ とする。$2d$ 次元におけるカイラル行列を Γ_{D-1} とみなせばよい：

$$\Gamma_{D-1}=\eta\Gamma_0\,\Gamma_1\cdots\Gamma_{D-2} \tag{B.16}$$

ここで d が偶数か奇数かに応じて $\eta=i,1$ とえらべば，Γ_{D-1} はエルミートとなる。$2d$ 次元で定義されている C を使って

$$C\Gamma_{D-1}\,C^{-1}=\eta(-1)^{2d}\Gamma_0{}^T\Gamma_1{}^T\cdots\Gamma_{D-2}^T \tag{B.17}$$

を得る。右辺で $0,1,\cdots,D-2$ を逆の順序に並べかえると符号の変化が生じ

$$C\Gamma_{D-1}\,C^{-1}=(-1)^{\frac{1}{2}(D-1)(D-2)}\,\Gamma^T{}_{D-1} \tag{B.18}$$

となる。(3) が $\mu=D-1$ に対しても成り立つためには (18) の右辺の符号がマイナスとならなければならない。

$D-2=r$ とおくと (12 d) と同じ技法がつかえて

$$\begin{aligned}(-1)^{\frac{1}{2}(D-1)(D-2)}&=\frac{1}{2}[(1+i)i^{D-2}+(1-i)(-i)^{D-2}]\\&=-\frac{1}{2}[(1+i)i^{2d+1}+(1-i)(-i)^{2d+1}]=(-1)^d\end{aligned} \tag{B.19}$$

を得る。これが -1 となるのは d が奇数のときに限る。つまり，(15a) の系列 (に 1 を加えたもの) で，$d=1$ に対応する $D=3$ は許されるが，$d=2$ に対応する $D=5$ は許されない。すなわち

$$D=3 \qquad (\text{mod} \quad 8) \tag{B.20}$$

のみが許される。(15 a)と合わせて，マヨラナスピノルが存在しうるのは

$$D=2,\ 3,\ 4 \qquad (\mathrm{mod}\quad 8) \tag{B.21}$$

に限るという結論が得られた。

ただし上の議論は，C の存在自体まで(21)に限られる，とまでは結論していない。実際，$D=6,8$ でも(3)をみたす C は存在することが容易に確かめられる。ただ

$$C=C^T \tag{B.22}$$

となって，(7)の関係を許さないだけである。しかし，奇数次元に関する(20)はやはり正しいので，結局

$$D=5,\ 9 \qquad (\mathrm{mod}\quad 8) \tag{B.23}$$

のみが，C の存在しない次元である。

付録C　ガンマ行列の反対称積の展開公式

ガンマ行列の完全反対称積を

$$\Gamma^{[\alpha}\Gamma^{\beta}\cdots\Gamma^{\xi]}=\Gamma^{\alpha}\Gamma^{\beta}\cdots\Gamma^{\xi}=\Gamma^{\alpha\beta\cdots\xi} \tag{C.1}$$

と書く*)。たとえば

$$\Gamma^{\alpha\beta\gamma}=\frac{1}{3!}(\Gamma^{\alpha\beta\gamma}+\Gamma^{\beta\gamma\alpha}+\Gamma^{\gamma\alpha\beta}-\Gamma^{\gamma\beta\alpha}-\Gamma^{\beta\alpha\gamma}-\Gamma^{\alpha\gamma\beta}) \tag{C.2}$$

である。(1)のようなものの積を作ると，やはり反対称積の1次結合で表すことができる。例として

$$\Gamma^{\alpha}\Gamma^{\beta}=\Gamma^{\alpha\beta}+\eta^{\alpha\beta} \tag{C.3a}$$

$$\Gamma^{\alpha\beta}\Gamma^{\gamma}=\Gamma^{\alpha\beta\gamma}+2\Gamma^{[\alpha}\eta^{\beta]\gamma} \tag{C.3b}$$

などは，すぐに計算できる。これを一般化すると

$$\begin{aligned}\Gamma^{\mu_1\cdots\mu_p}\Gamma^{\nu_1\cdots\nu_q}=&\sum_{k=0}^{\min(p,q)}(-1)^{\frac{1}{2}k(2p-k-1)}\\&\times\frac{p!q!}{(p-k)!(q-k)!k!}\eta^{\mu_1\nu_1}\cdots\eta^{\mu_k\nu_k}\Gamma^{\mu_{k+1}\cdots\mu_p\nu_{k+1}\cdots\nu_q}\end{aligned} \tag{C.4}$$

となる。これを証明する*)。

この形は当然であるとして，右辺の η と Γ の積の前の係数 a_k を決める。そのためには

$$\mu_1=\nu_1=1,\ \mu_2=\nu_2=2,\ \cdots,\ \mu_m=\nu_m=m \tag{C.5}$$

とし，さらに他の添字，$\mu_{m+1},\cdots,\mu_p,\nu_{m+1},\cdots,\nu_q$ はすべて m より大きく，また，互いに異なるようにえらぶ。そうすると，右辺で a_m の項だけが残り，他はすべて0となる。

このとき，左辺の第1の Γ は

---

*）　この付録Cでは，$\mu,\nu,\cdots$ などのギリシャ添字を局所ロレンツ系の添字（本来はラテン添字）のように扱う。曲がった時空での座標添字として使うときには，単に $\eta^{\mu\nu}$ を $g^{\mu\nu}$ でおきかえればよい。

$$\Gamma^{12\cdots m\ \mu_{m+1}\cdots\mu_p}=\varepsilon\Gamma^{\mu_{m+1}\cdots\mu_p\ 12\cdots m} \tag{C.6a}$$

の形となる。この符号 ε を決定しよう。m を，$\mu_{m+1},\mu_{m+2},\cdots,\mu_p$ を越えて右に移すためには $p-m$ 回の入れ替えが必要で，したがって $p-m$ 回の符号の変化がある。次に，$m-1$ を移し，…，1 を移し，という操作を繰り返して，$12\cdots m$ をそっくり右にもってくるには，全部で $m(p-m)$ 回の符号変化があることがわかる。次に $12\cdots m$ を $m\cdots 21$ に並べかえる。このときには，$(m-1)+(m-2)+\cdots+2+1=(1/2)m(m-1)$ 回符号が変わる。これらを合計すると結局

$$\varepsilon=(-1)^{\frac{1}{2}m(2m-p-1)} \tag{C.6b}$$

を得る。こうして(4)の左辺は

$$\begin{aligned}&\varepsilon\Gamma^{\mu_{m+1}\cdots\mu_p m\cdots 21}\ \Gamma^{12\cdots m\ \nu_{m+1}\cdots\nu_q}\\&=\varepsilon\Gamma^{\mu_{m+1}}\cdots\Gamma^{\mu_p}\Gamma^m\cdots\Gamma^2\Gamma^1\Gamma^1\Gamma^2\cdots\Gamma^m\Gamma^{\nu_{m+1}}\cdots\Gamma^{\nu_q}\\&=\varepsilon\Gamma^{\mu_{m+1}\cdots\mu_p\nu_{m+1}\cdots\nu_q}\end{aligned} \tag{C.7}$$

となる。ここでは $1,2,\cdots,m$ 以外の添字が全部異なることを使った。

次に(4)の右辺を計算する。添字を上のようにえらぶと

$$a_m\eta^{\mu_1\nu_1}\cdots\eta^{\mu_m\nu_m}\ \Gamma^{\mu_{m+1}\cdots\mu_p\nu_{m+1}\cdots\nu_q} \tag{C.8}$$

の形となる。p 階の Γ には元来係数 $1/p!$ があったが，そのうち m 個のみが η の添字として取り出され，残り $p-m$ 個は依然 Γ の中にある。したがって $(p-m)!$ 重となっている。こうして

$$(p-m)!/p! \tag{C.9a}$$

なる係数が現れる。同様に

$$(q-m)!/q! \tag{C.9b}$$

も現れる。

また，(4)では，η に現れる添字 $\mu_1,\nu_1,\cdots$ についても，反対称化の際，和をとることになっているので，同じ $\eta^{11}\eta^{22}\cdots\eta^{mm}$ が $m!$ 回現れる。結局，(4)の右辺は

$$a_m\frac{(p-m)!(q-m)!}{p!q!}m!\Gamma^{\mu_{m+1}\cdots\mu_p\nu_{m+1}\cdots\nu_q} \tag{C.10}$$

となる。これを(7)と等置すれば a_m が決まり，(4)を得る。

付録D　エネルギー・運動量テンソルの反対称部分とスピン

(4.15 b)で与えられる $T_{\mu\nu}$ は対称ではない。しかし保存はする：

$$\partial_\nu T^{\nu\mu}=0 \tag{D.1}$$

しばらく平坦なミンコフスキー時空で議論する。(1)により

$$P^\mu = \int T^{0\mu} d^3x \tag{D.2a}$$

について

$$\dot{P}^\mu = 0 \tag{D.2b}$$

は確かに導かれる。$T_{\mu\nu}$ の対称性が問題になるのは，角運動量との関連においてである。

普通のように，角運動量を*)

$$M^{mn}=\int d^3x(x^m T^{0n}-x^n T^{0m}) \tag{D.3}$$

によって導入すると ($m,n=1,2,\cdots,D-1$)

$$\begin{aligned}\dot{M}^{mn}&=\int d^3x(x^m\partial_0 T^{0n}-x^n\partial_0 T^{0m})\\&=-\int d^3x(x^m\partial_p T^{pn}-x^n\partial_p T^{pm})\\&=\int d^3x(\delta^m_p T^{pn}-\delta^n_p T^{pm})=2\int d^3x T^{[mn]}\end{aligned} \tag{D.4}$$

を得る。もし $T^{[\mu\nu]}\neq 0$ ならば，(3)で定義された M^{mn} は保存しない。

しかし，そもそも(3)は，x^m が現れていることからもわかるように，軌道角運動量に対する式である。スピンがあれば保存しなくて当然である。そこでスピンとして

$$\mathscr{S}^{mn} = \int d^3x S^{0,mn} \tag{D.5}$$

を導入する。これについては

$$\dot{\mathscr{S}}^{mn} = \int d^3x\partial_0 S^{0,mn}=\int d^3x(\partial_\mu S^{\mu,mn}-\partial_p S^{p,mn}) \tag{D.6}$$

を得るが，表面積分がゼロならば，最後の項は落ちる。

---

*) この付録Dに限り，$m,n,\cdots$ を空間座標を表すために用いる。

ところで，テトロードの公式

$$\partial_\mu S^{\mu,\rho\sigma}=-2T^{[\rho\sigma]} \tag{D.7}$$

を証明することができる(曲がった時空ならば ∂_μ は ∇_μ でおきかえる)。(4.18 a)において下つきの k を上つきの μ でおきかえた式を $S^{\mu}{}_{,ij}$ として微分する。$\bar{\psi}$ を微分するときは(4.17 a)を，また ψ を微分するときは(4.17 b)を利用すると，それぞれの場の方程式を使うことができ，

$$\begin{aligned}\partial_\mu S^{\mu}{}_{,\rho\sigma}&=\frac{1}{2}\bar{\psi}[\overleftarrow{\partial}_\mu(-\delta^\mu_\rho\Gamma_\sigma+\delta^\mu_\sigma\Gamma_\rho)+(\delta^\mu_\rho\Gamma_\sigma-\delta^\mu_\sigma\Gamma_\rho)\partial_\mu]\psi\\&=\bar{\psi}(-\overleftarrow{\partial}_{[\rho}\Gamma_{\sigma]}+\partial_{[\rho}\Gamma_{\sigma]})\psi\end{aligned} \tag{D.8}$$

となり，(4.15 b)を参照すれば，右辺は(7)の右辺に一致する。

そこで(7)を(6)に代入すれば

$$\mathscr{S}^{mn}=-2\int T^{[mn]}\,d^3x \tag{D.9}$$

となり，したがって

$$J^{mn}=M^{mn}+\mathscr{S}^{mn} \tag{D.10a}$$

を全角運動量とすると

$$\dot{J}^{mn}=0 \tag{D.10b}$$

が得られる。

この J^{mn} は $T^{(\mu\nu)}$ の対称部分 $T^{(mn)}$ を用いて

$$J^{mn}=\int(x^mT^{(0n)}-x^nT^{(0m)})d^3x \tag{D.11a}$$

と書くことができる。なぜならば(11 a)を

$$J^{mn}=\int(x^mT^{0n}-x^nT^{0m}-x^mT^{[0n]}+x^nT^{[0m]})d^3x \tag{D.11b}$$

と書いたとき，始めの2項は(3)によって M^{mn} を与える。後の2項は(7)を使うと

$$\frac{1}{2}\int(x^m\partial_\mu S^{\mu,0n}-x^n\partial_\mu S^{\mu,0m})d^3x \tag{D.11c}$$

となるが，$\mu=0$ の項は，$S^{\mu,\rho\sigma}$ の完全反対称性によりゼロである。したがって

$$\begin{aligned}(11\mathrm{c})&=\frac{1}{2}\int(x^m\partial_pS^{p,0n}-x^n\partial_pS^{p,0m})d^3x\\&=-\frac{1}{2}\int(\delta^m_pS^{p,0n}-\delta^n_pS^{p,0m})d^3x\\&=\int S^{0,mn}d^3x=\mathscr{S}^{mn}\end{aligned} \tag{D.11d}$$

となる。ここでふたたび $S^{m,0n}$ の完全反対称を使った。(11 a)は，スピンがあっても全角運動が見掛け上(3)と同じ形に書けることを示しており，これが対称なエネルギー・運動量テンソルを用いることの利点である。

最後に，振率をゼロとえらんだとき，$\mathscr{L}_m$ の多脚場による変分がどのようにして対称なエネルギー・運動量テンソルを導くかを見ておこう。振率がないので，(4.20 e)の $\mathscr{L}_\diamond$ だけを考える。ただし，1階方式は使えず，2階方式を用いる。そこで多脚場に関する変分は

$$\frac{\delta\mathscr{L}_\diamond}{\delta b_k{}^\mu}=\left(\frac{\partial\mathscr{L}_\diamond}{\partial b_k{}^\mu}\right)_{\omega_\diamond}+\frac{\partial\mathscr{L}_\diamond}{\partial\omega_\diamond}\frac{\partial\omega_\diamond}{\partial b_k{}^\mu}-\partial_\sigma\left[\frac{\partial\mathscr{L}_\diamond}{\partial\omega_\diamond}\frac{\partial\omega_\diamond}{\partial(\partial_\sigma b_k{}^\mu)}\right] \tag{D.12}$$

となる。右辺第1項では $\omega_\diamond{}^{ij}{}_\mu$ は固定しておいて，それ以外に含まれる $b_k{}^\mu$ についてのみ変分し，一方第2，3項は $\omega_\diamond{}^{ij}{}_{,\mu}$ の中に含まれる $b_k{}^\mu$ についての変分を形式的に表している。(12)の第1項には(3.6 b)と(4.15 a)が適用できて

$$(12)\text{の第1項}=-b\frac{1}{2}\bar{\psi}(\Gamma^k D_\mu{}^\diamond-\overleftarrow{D}_\mu{}^\diamond\Gamma^k)\psi \tag{D.13}$$

であるが，右辺の共変微分は $\omega_\diamond$ のみを含み，特に平らな時空の極限では $D_{\diamond\mu}=\partial_\mu$ である。

(12)の第2，3項においては

$$\frac{\partial\mathscr{L}_\diamond}{\partial\omega_\diamond{}^{ij}{}_{,\mu}}=-S^\mu{}_{,ij}=-\frac{1}{2}\bar{\psi}\Gamma^\mu{}_{ij}\psi \tag{D.14}$$

がそのまま使える。次に(4.20b)およびリッチの回転係数 Δ の定義(2.26b)をみると，(12)の第2項は，平坦な時空ではゼロとなる。しかし第3項では

$$\frac{\partial\Delta_{l,ij}}{\partial(\partial_\sigma b_k{}^\mu)}=-b_{l\mu}(\delta_i^k b_j{}^\sigma-\delta_j^k b_i{}^\sigma) \tag{D.15}$$

が平らな時空でも寄与する。こうして

$$(12)\text{の第3項}=-\frac{1}{2}\partial_\sigma S^{\sigma,k}{}_\mu \tag{D.16}$$

となる。これに(7)を使い，(13)に加え，さらに $b_{k\nu}$ をかけるとちょうど $-bT_{(\mu\nu)}$ が得られる。

付録E　フィアツ変換

四つのスピノル a,b,c,d について

$$F=(\bar{a}b)(\bar{c}d)=(\bar{a}_\alpha b_\alpha)(\bar{c}_\beta d_\beta) \tag{E.1}$$

を考える。まず4次元では α,β は4成分のスピノル添字である。b_α と d_β とをいれかえると，グラスマン数のために符号が変わり

$$F=-(\bar{a}_\alpha d_\beta)(\bar{c}_\beta b_\alpha) \tag{E.2}$$

と書ける。

ここで，$\bar{a}_\alpha d_\beta$ は 4×4 の行列であるから，16個のガンマ行列によって展開できることはよく知られている通りである。すなわち

$$\bar{a}_\alpha d_\beta=\sum_{A=1}^{16}(\Omega^A)_{\beta\alpha}\Phi_A \tag{E.3}$$

となる。ここで $\Omega^A(A=1,2,\cdots,16)$ は $1,\gamma^\mu,\gamma^{\mu\nu},\gamma_5\gamma^\mu,\gamma_5$ を表す。これについて

$$\begin{aligned}&\mathrm{Tr}(1\cdot 1)=4,\quad \mathrm{Tr}(\gamma^\mu\gamma^\nu)=4\eta^{\mu\nu}\\&\mathrm{Tr}(\gamma^{\mu\nu}\gamma^{\rho\sigma})=-4(\eta^{\mu\rho}\eta^{\nu\sigma}-\eta^{\mu\sigma}\eta^{\nu\rho})\\&\mathrm{Tr}(\gamma_5\gamma^\mu\gamma_5\gamma^\nu)=-4\eta^{\mu\nu},\ \mathrm{Tr}(\gamma_5\gamma_5)=4\end{aligned} \tag{E.4}$$

は容易に確かめられる。もちろん，ほかのトレースはゼロである（ここでは平らなミンコフスキー時空を考えるが，最終結果は曲がった時空でも正しい)。そこで(3)に $(\Omega^B)_{\alpha\beta}$ をかけると

$$(\bar{a}\Omega^B d)=\sum_A \mathrm{Tr}(\Omega^B\Omega^A)\Phi_A \tag{E.5}$$

となるが，右辺で(4)を使えば

$$\begin{aligned}&\Phi_1=\frac{1}{4}(\bar{a}d),\quad \Phi_\mu=\frac{1}{4}(\bar{a}\gamma_\mu d)\\&\Phi_{\mu\nu}=-\frac{1}{8}(\bar{a}\gamma_{\mu\nu}d),\\&\Phi_{5\mu}=-\frac{1}{4}(\bar{a}\gamma_5\gamma_\mu d),\quad \Phi_5=\frac{1}{4}(\bar{a}\gamma_5 d)\end{aligned} \tag{E.6}$$

を得る。

(3)を(6)と共に(2)に代入すると

$$F=-\sum_A\sum_B \mathrm{Tr}(\Omega^A\Omega^B)\Phi_A\Psi_B \tag{E.7a}$$

となるが，ここで(4)を使うと

$$F=-4(\Phi_1\Psi_1+\Phi_\mu\Psi^\mu-2\Phi_{\mu\nu}\Psi^{\mu\nu}-\Phi_{5\mu}\Psi_5{}^\mu+\Phi_5\Psi^5) \tag{E.7b}$$

となる。ここで Ψ は(6)で $\bar{a}\to\bar{c}$, $d\to b$ としたものである。こうして

$$\begin{aligned}F=-\frac{1}{4}\Big[&(\bar{a}d)(\bar{c}b)+(\bar{a}\gamma_\mu d)(\bar{c}\gamma^\mu b)-\frac{1}{2}(\bar{a}\gamma_{\mu\nu}d)(\bar{c}\gamma^{\mu\nu}b)\\ &-(\bar{a}\gamma_5\gamma_\mu d)(\bar{c}\gamma_5\gamma^\mu b)+(\bar{a}\gamma_5 d)(\bar{c}\gamma_5 b)\Big]\end{aligned} \tag{E.8}$$

を得る。

以上の議論は，そのまま任意の偶数次元 D に拡張できる。(3)の Ω^A としては，$2^{D/2}\times 2^{D/2}$ のガンマ行列のすべての反対称積 $\Gamma^{\mu_1\cdots\mu_r}$ ($r=0,1,\cdots,D$) を用いる。(4)に相当するのは

$$\mathrm{Tr}(\Gamma^{\mu_1\cdots\mu_r}\Gamma^{\nu_1\cdots\nu_r})=2^{D/2}r!(-1)^{\frac{1}{2}r(r-1)}\eta^{[\mu_1\nu_1}\cdots\eta^{\mu_r]\nu_r} \tag{E.9}$$

である。これを導くには，(C.4)において $p=q=r$ とし，右辺で $k=r$ の項のみ残せばよい。あとの計算は全く平行的に行えて

$$F=-2^{-D/2}\sum_{r=0}^{D}\frac{(-1)^{\frac{1}{2}r(r-1)}}{r!}(\bar{a}\Gamma^{\mu_1\cdots\mu_r}d)(\bar{c}\Gamma_{\mu_1\cdots\mu_r}b) \tag{E.10}$$

となる。$D=4$ とすれば，これは(8)に帰着する。

さらに，D が奇数のときは $2^{-D/2}$ を $2^{-[D/2]}$ でおきかえ，r の和の上限 D を $[D/2]$ にかえるだけで，(10)がそのまま成り立つことが確められる。

付録F　3階反対称テンソル場の独立成分の数

4次元におけるマクスウェル理論の場合，真空中における場の強さに関するマクスウェル方程式をみたす解として，横波の2自由度だけが存在することが示されたが，同じ議論を D 次元における3階反対称テンソル場に拡張する。平坦な時空において(11.7a)から導かれる自由場の方程式は*)

$$\partial_\mu F^{\mu\nu\rho\sigma}=0 \tag{F.1}$$

またビアンキ恒等式は

$$\partial_{[\mu}F_{\nu\lambda\rho\sigma]}=0 \tag{F.2}$$

である。D 次元では，$F_{\mu\nu\rho\sigma}$ は ${}_DC_4$ 個の成分をもっている。運動量表示では(1)，(2)はそれぞれ

$$k^\mu F_{\mu\nu\rho\sigma}=0 \tag{F.3}$$

$$k_{[\mu}F_{\nu\lambda\rho\sigma]}=0 \tag{F.4}$$

となる。進行方向を第1軸にえらんで $k^0=-k_0=k_1=\omega$，他の横方行の成分は $k_a=0$ とする。ここで，a,b などは $2,3,\cdots,D-1$ の値をとるものとする。

(3)は

$$\omega H_{\nu\rho\sigma}=0 \tag{F.5}$$

と書ける。ただし

$$H_{\nu\rho\sigma}=F_{0\nu\rho\sigma}+F_{1\nu\rho\sigma} \tag{F.6}$$

である。場合をわけて考えてみる。

(i) $\nu=0,\ \rho=1,\ \sigma=a$　各項はそれぞれ0で，(6)は条件とはならない。

(ii) $\nu=0,\ \rho=a,\ \sigma=b$　このとき(6)は

$$F_{10ab}=0 \tag{F.7}$$

となり，${}_{D-2}C_2$ 個の条件を与える。

(iii) $\nu=1,\ \rho=a,\ \sigma=b$　これは(7)と全く同じ式を与えるのみである。

(iv) $\nu=a,\ \rho=b,\ \sigma=c$　(6)は明らかに ${}_{D-2}C_3$ 個の条件となる。

---

*)　$\mu,\nu,\cdots$は一般座標変換の添字であるが，この付録Fでは平らな時空に限るので，ミンコフスキー計量 $\eta_{\mu\nu}$ によって上げ下げされる。また，0,1以外の横方向の座標の添字に $a,b,\cdots$を使う。

次に(4)を調べる。

(v) $\mu=0,\ \nu=1,\ \lambda=a,\ \rho=b,\ \sigma=c$　(4)は

$$-F_{[1abc]}+F_{[0abc]}=0 \tag{F.8}$$

となるが，これは(7)と同じものであることがわかる。

(vi) $\mu=0,\ \nu=a,\ \lambda=b,\ \rho=c,\ \sigma=d$

$$F_{[abcd]}=0 \tag{F.9}$$

となり，これは ${}_{D-2}C_4$ 個の条件を与える。

(vii) $\mu=1,\ \nu=a,\ \lambda=b,\ \rho=c,\ \sigma=d$　前の場合(vi)と同じで，新しい条件とはならない。

(viii) $\mu=a,\ \nu=b,\ \lambda=c,\ \rho=d,\ \sigma=e$　意味のある方程式とはならない。

けっきょく，意味のある条件の数は(ii)，(iii)，(vi)の場合から，${}_{D-2}C_2+{}_{D-2}C_3+{}_{D-2}C_4$ となる。これを元来の成分の数 ${}_DC_4$ から差し引くと ${}_{D-2}C_3$ となることがわかる。

以上の議論は，任意の階数 r の反対称テンソル場に拡張できることは明らかであり，独立な自由度の数は ${}_{D-2}C_r$ となる。

問題解答

1－1　(1.17a)を示せ。

曲率テンソルの定義(1.15)に，(1.12a)

$$\Gamma^{\sigma}{}_{\mu\nu}=\Gamma^{\sigma}_{\diamond\mu\nu}+K^{\sigma}{}_{\mu,\nu} \qquad [1]$$

を代入する。ここで $\Gamma^{\sigma}_{\diamond\mu\nu}$ は(1.10)で定義されたクリストフェル記号である。[1]の代入の結果は

$$\begin{aligned}R^{\tau}{}_{\sigma,\mu\nu}&=R^{\tau}{}_{\diamond\sigma,\mu\nu}+2\partial_{\underline{\mu}}K^{\tau}{}_{\sigma,\underline{\nu}}\\&\quad+2(\Gamma^{\tau}_{\diamond\rho\underline{\mu}}K^{\rho}{}_{\sigma,\underline{\nu}}+K^{\tau}{}_{\rho,\underline{\mu}}\Gamma^{\rho}_{\diamond\sigma\underline{\nu}})+2K^{\tau}{}_{\rho,\underline{\mu}}K^{\rho}{}_{\sigma,\underline{\nu}}\end{aligned} \qquad [2]$$

となる。もちろん $R^{\tau}_{\diamond\sigma,\mu\nu}$ は，捩率なしのリーマンテンソルである。

リッチテンソルの対称性を調べるには，局所ロレンツ系で計算すればよい。このときは，$\Gamma_{\diamond}=0$ とおけるので[2]は簡単化されて

$$R^{\tau}{}_{\sigma,\mu\nu}=R^{\tau}_{\diamond\sigma,\mu\nu}+2(\partial_{\underline{\mu}}K^{\tau}{}_{\sigma,\underline{\nu}}+K^{\tau}{}_{\lambda,\underline{\mu}}K^{\lambda}{}_{\sigma,\underline{\nu}}) \qquad [3]$$

縮約してリッチテンソルを求めると

$$\begin{aligned}R_{\mu\nu}&=R^{\diamond}_{\mu\nu}+\partial_{\lambda}K^{\lambda}{}_{\mu,\nu}-\partial_{\nu}K^{\lambda}{}_{\mu,\lambda}\\&\quad+K^{\rho}{}_{\lambda,\rho}K^{\lambda}{}_{\mu,\nu}-K^{\rho}{}_{\sigma,\nu}K^{\sigma}{}_{\mu,\rho}\end{aligned} \qquad [4]$$

となる。これから $R_{\mu\nu}$ を引く。$R_{\diamond\mu\nu}$ が対称であることは既知であるから，

$$2R_{[\mu\nu]}=\partial_{\lambda}C^{\lambda}{}_{,\mu\nu}+2\partial_{[\mu}C_{\nu]}+C_{\lambda}C^{\lambda}{}_{,\mu\nu}+2K^{\rho}{}_{\sigma,[\mu}K^{\sigma}{}_{\nu],\rho} \qquad [5]$$

を得る。ここで(1.12d)を使い，また(1.17b)にしたがって

$$C_{\lambda}=C^{\rho}{}_{,\lambda\rho}=K^{\rho}{}_{\lambda,\rho} \qquad [6]$$

を定義した。

[4]で ∂_{λ} を ∇_{λ} にもどす。ただし，$\Gamma_{\diamond}=0$ であるから，$\Gamma^{\lambda}{}_{\mu\nu}=K^{\lambda}{}_{\mu,\nu}$ としてよく，

$$\partial_{\lambda}C^{\lambda}{}_{,\mu\nu}=\nabla_{\lambda}C^{\lambda}{}_{,\mu\nu}-C_{\lambda}C^{\lambda}{}_{,\mu\nu}+2K^{\rho}{}_{\underline{\mu},\sigma}C^{\sigma}{}_{,\rho\underline{\nu}} \qquad [7a]$$

$$\partial_{\mu}C_{\nu}=\nabla_{\mu}C_{\nu}+K^{\rho}{}_{\nu,\mu}C_{\rho} \qquad [7b]$$

となる。これにより

$$2R_{[\mu\nu]} = \nabla_\lambda C^\lambda{}_{,\mu\nu} + 2\nabla_{[\mu}C_{\nu]} - C_\lambda C^\lambda{}_{,\mu\nu} + 2\underbracket{K^\rho{}_{\mu,\sigma}C^\sigma{}_{,\rho\nu}} - 2\underbracket{K^\rho{}_{\mu,\sigma}K^\sigma{}_{\rho,\nu}} \qquad [8]$$

となる。さらに，K を C で表してしまうと

$$2R_{[\mu\nu]} = \nabla_\lambda C^\lambda{}_{,\mu\nu} + 2\nabla_{[\mu}C_{\nu]} - C_\lambda C^\lambda{}_{,\mu\nu} + C^{\rho,\sigma}{}_{[\mu}C_{\nu],\rho\sigma} \qquad [9]$$

を得る。

1－2　(1.19)を導け。

問題1－1の[3]をみると，$\mu\nu$ 反対称は明らかである。さらに(1.12c)を考慮すると $\tau\sigma$ の反対称性もすぐに示すことができる。$R_{\diamond\rho\sigma,\mu\nu}$ については，これを局所ロレンツ系において，計量の2階微分で表すことにより，$\rho\sigma$ と $\mu\nu$ の入れかえに関する対称性も明らかとなるが，問題1－1の[3]の残りの部分については，$\rho\sigma$ と $\mu\nu$ の現れかたは全く異なっており，一般には $\rho\sigma$ と $\mu\nu$ の入れかえの対称性は存在しない。

次に循環恒等式に移ろう。問題1－1の[3]を σ,μ,ν について反対称化すると

$$R^\tau{}_{[\sigma,\mu\nu]} = R^\tau{}_{\diamond[\sigma,\mu\nu]} - 2\partial_{[\mu}K^\tau{}_{\nu,\sigma]} - 2K^\tau{}_{\lambda,[\mu}K^\lambda{}_{\nu,\sigma]} \qquad [1]$$

となる。捩率なしの場合の循環恒等式により，また(1.12d)を使って

$$R^\tau{}_{[\sigma,\mu\nu]} = -\partial_{[\mu}C^\tau{}_{,\nu\sigma]} - K^\tau{}_{\lambda,[\mu}C^\lambda{}_{,\nu\sigma]} \qquad [2]$$

を得る。C の微分を共変微分にもどすと，問題1-1と同様の計算により

$$R^\tau{}_{[\sigma,\mu\nu]} = -\nabla_{[\mu}C^\tau{}_{,\nu\rho]} - C^\lambda{}_{,[\mu\nu}C^\tau{}_{,\sigma]\lambda} \qquad [3]$$

となる。

ビアンキ恒等式(1.19c)も類似の方法で導くことができる。局所ロレンツ系では

$$\nabla_\lambda R^\tau{}_{\sigma,\mu\nu} = \partial_\lambda R^\tau{}_{\sigma,\mu\nu} + K^\tau{}_{\rho,\lambda}R^\rho{}_{\sigma,\mu\nu} - K^\rho{}_{\sigma,\lambda}R^\tau{}_{\rho,\mu\nu} - K^\rho{}_{\mu,\lambda}R^\tau{}_{\sigma,\rho\nu} - K^\rho{}_{\nu,\lambda}R^\tau{}_{\sigma,\mu\rho} \qquad [4]$$

であるが，第1項を計算するときに，$\partial\Gamma_\diamond$はゼロでなくて残しておかなければならない。こうして

$$\partial_\lambda R^\tau{}_{\sigma,\mu\nu} = \partial_\lambda R^\tau_{\diamond\sigma,\mu\nu} + 2\partial_\lambda\partial_\mu K^\tau{}_{\sigma,\nu} + 2(\partial_\lambda\Gamma^\tau_{\diamond\rho\mu})K^\rho{}_{\sigma,\nu} + 2K^\tau{}_{\rho,\mu}(\partial_\lambda\Gamma^\rho_{\diamond\sigma\nu}) + 2\partial_\lambda(K^\tau{}_{\rho,\mu}K^\rho{}_{\sigma,\nu}) \qquad [5]$$

となる。右辺の第1項は，通常のビアンキ恒等式によりゼロ，また第2項も明らかにゼロである。第3項は

$$2(\partial_\lambda \Gamma^{\tau}_{\diamond\rho\mu})K^{\rho}{}_{\sigma,\nu}=R^{\tau}_{\diamond\rho,\lambda\mu}K^{\rho}{}_{\sigma,\nu} \qquad [6a]$$

となる。ここで，係数 2 のちがいは，$R^{\tau}_{\diamond}{}_{\rho,\lambda\mu}=2\partial_\lambda\Gamma^{\tau}_{\diamond}{}_{\rho\mu}$ からくる。同様に，[6a]の第 4 項は

$$2(\partial_\lambda \Gamma^{\rho}_{\diamond\sigma\nu})K^{\tau}{}_{\rho,\mu}=R^{\rho}_{\diamond\sigma,\lambda\nu}K^{\tau}_{\rho,\mu} \qquad [6b]$$

となる。

[6a]の中の $\Gamma_\diamond$ に問題 1-1 の[3]を代入すると

$$R^{\tau}_{\diamond\rho,\lambda\mu}K^{\rho}{}_{\sigma,\nu}=R^{\tau}{}_{\rho,\lambda\mu}K^{\rho}{}_{\sigma,\nu}-2(\partial_\lambda K^{\tau}{}_{\rho,\mu})K^{\rho}{}_{\sigma,\nu} -2K^{\tau}{}_{\theta,\lambda}K^{\theta}{}_{\rho,\mu}K^{\rho}{}_{\sigma,\nu} \qquad [7]$$

と書くことができる。[6b]も同様に処理して[7]に加えると，K の 3 次の項は互いに打ち消しあう。さらに，[5]に代入すると，$\partial(KK)$ の項も打ち消されてしまうことがわかる。こうして [5]は

$$\partial_\lambda R^{\tau}{}_{\sigma,\mu\nu}=R^{\tau}{}_{\rho,\lambda\mu}K^{\rho}{}_{\sigma,\nu}+R^{\rho}{}_{\sigma,\lambda\nu}K^{\tau}{}_{\rho,\mu} \qquad [8]$$

となる。これを，[4]を反対称化したものの第 1 項に代入して整理する。(1.12d) を使うと最終的に

$$\nabla_\lambda R^{\tau}{}_{\sigma,\mu\nu}=R^{\tau}{}_{\sigma,\rho\lambda}C^{\rho}{}_{,\mu\nu} \qquad [9]$$

を得る。

2-1　(2.26a) から (2.26b) を導け。

$$\partial_\lambda(b^{k\lambda}b_{k\mu})=\partial_\nu(\delta^{\lambda}_{\mu})=0=(\partial_\nu b^{k\lambda})b_{k\mu}+b^{k\lambda}(\partial_\nu b_{k\mu}) \qquad [1]$$

すなわち

$$b^{k\lambda}(\partial_\nu b_{k\mu})=-b_{l\mu}(\partial_\nu b^{l\lambda}) \qquad [2]$$

を得る。両辺に $b_{i\lambda}$ をかけると

$$\partial_\nu b_{i\mu}=-b_{i\lambda}b_{l\mu}(\partial_\nu b^{l\lambda}) \qquad [3]$$

これを (6.26a) に代入すればよい。

2-2 (1.15) が (2.31) に一致することを示せ。

(1.15) に (2.21c)

$$\Gamma^{\rho}{}_{\sigma\nu}=b_i{}^{\rho}(D_\nu b^i{}_\sigma)=b_i{}^{\rho}(\partial_\nu b^\tau{}_\sigma+\omega^{ik}{}_{,\nu}b_{k\sigma}) \qquad [1]$$

を代入する。まず

$$\partial_\mu\Gamma^{\rho}{}_{\sigma\nu}=(\partial_\mu b_i{}^{\rho})(D_\nu b^i{}_\sigma)+b_i{}^{\rho}\partial_\mu(D_\nu b^i{}_\sigma) \qquad [2]$$

である。ここで問題 2-1[3] と同様な関係により

$$\begin{aligned}\partial_\mu b_i{}^{\rho}&=-b_i{}^{\lambda}b^{j\rho}\partial_\mu b_{j\lambda}\\&=-b_i{}^{\lambda}b^{j\rho}D_\mu b_{j\lambda}+\omega^{\rho}{}_{i,\mu}\end{aligned} \qquad [3]$$

であるから，[2]の第 1 項は

$$-b_i{}^{\lambda}b^{j\rho}(D_\mu b_{j\lambda})(D_\nu b^i{}_\sigma)+\omega^{\rho}{}_{i,\mu}(D_\nu b^i{}_\sigma) \qquad [4]$$

となる。この第 1 項はふたたび (2.21c) によって $-\Gamma^{\rho}{}_{\lambda\mu}\Gamma^{\lambda}{}_{\sigma\nu}$ である。したがって

$$\partial_\mu\Gamma^{\rho}{}_{\sigma\nu}+\Gamma^{\rho}{}_{\lambda\mu}\Gamma^{\lambda}{}_{\sigma\nu}=\omega^{\rho}{}_{i,\mu}(D_\nu b^i{}_\sigma)+b_i{}^{\rho}\partial_\mu(D_\nu b^i{}_\sigma) \qquad [5]$$

となる。この第 2 項は

$$\begin{aligned}&b_i{}^{\rho}[\partial_\mu\partial_\nu b^i{}_\sigma+\partial_\mu(\omega^{ij}{}_{,\nu}b_{j\sigma})]\\&=b_i{}^{\rho}\partial_\mu\partial_\nu b^i{}_\sigma+b_i{}^{\rho}b_{j\sigma}(\partial_\mu\omega^{ij}{}_{,\nu})+b_i{}^{\rho}(\partial_\mu b_{j\sigma})\omega^{ij}{}_{,\nu}\end{aligned} \qquad [6]$$

であり，μ と ν を取り替えた項を引くと

$$2[b_i{}^{\rho}b_{j\sigma}\partial_{[\mu}\omega^{ij}{}_{,\nu]}+(\partial_{\underline{\mu}}\underline{b_{j\sigma})\omega^{\rho j}{}_{,\nu}}] \qquad [7]$$

となる。この第 2 項と，[4]の第 2 項および μ と ν を交換した項を引いたものを加えると

$$\begin{aligned}&\omega^{\rho}{}_{i,\mu}(D_\nu b^i{}_\sigma-\partial_\nu b^i{}_\sigma)-(\mu\leftrightarrow\nu)\\&=2\omega^{\rho}{}_{i,[\mu}\omega^{ij}{}_{,\nu]}b_{j\sigma}=2b_i{}^{\rho}b_{j\sigma}\omega^{i}{}_{k,[\mu}\omega^{kj}{}_{,\nu]}\end{aligned} \qquad [8]$$

を得る。[7]の第 1 項と合わせると

$$(1.15)=2b_i{}^\rho b_{j\sigma}(\partial_{[\mu}\omega^{ij}{}_{,\nu]}+\omega^i{}_{k,[\mu}\omega^{kj}{}_{,\nu]})$$
$$=b_i{}^\rho b_{j\sigma}R^{ij}{}_{,\mu\nu} \qquad [9]$$

が得られる。

3-1　(3.4a)を導け。

(2.30b)に$b_i{}^\mu b_j{}^\nu$をかけて

$$R=R_1+R_2 \qquad [1a]$$

ただし

$$R_1=(b_i{}^\mu b_j{}^\nu-b_j{}^\mu b_i{}^\nu)\partial_\mu\omega^{ij}{}_{,\nu} \qquad [1b]$$

$$R_2=-\omega_k\omega^k+\omega_{ij,k}\omega^{ik,j} \qquad [1c]$$

である。

$$\frac{\delta(bR)}{\delta\omega^{pq}{}_{,\rho}}=-\partial_\sigma\frac{\partial(bR)}{\partial(\partial_\sigma\omega^{pq}{}_{,\rho})}+\frac{\partial(bR)}{\partial\omega^{pq}{}_{,\rho}} \qquad [2]$$

において，第1項はR_1のみが寄与する：

$$\frac{\partial R_1}{\partial(\partial_\sigma\omega^{pq}{}_{,\rho})}=2(b_p{}^\sigma b_q{}^\rho-b_q{}^\sigma b_q{}^\rho) \qquad [3a]$$

右辺の係数2は，$\omega^{ij}{}_{,\mu}=-\omega^{ji}{}_{,\mu}$であるため，$p=i,q=j$でも，$p=j,q=i$でも寄与があることから来ている。したがって

$$-\partial_\sigma\frac{\partial(bR_1)}{\partial(\partial_\sigma\omega^{pq}{}_{,\rho})}=-2\partial_\sigma[b(b_p{}^\sigma b_q{}^\rho-b_q{}^\sigma b_p{}^\rho)] \qquad [3b]$$

となる。ここで

$$\partial_\sigma b=bb^{k\lambda}(\partial_\sigma b_{k\lambda}) \qquad [4a]$$

$$\partial_\kappa b_p{}^\sigma=-b_p{}^\theta b_s{}^\sigma(\partial_\kappa b^s{}_\theta) \qquad [4b]$$

を使うと

$$[3b]=4b(b_k{}^\rho b_p{}^\sigma b_q{}^\lambda+2b_{[p}{}^\rho b_{q]}{}^\sigma b_k{}^\lambda)\partial_{[\sigma}b^k{}_{\lambda]} \qquad [5]$$

を得る。

次にR_2からの寄与であるが，これは[2]の第2項に寄与する。しかしその結果は明らかに接続ωについて線形であり，それは局所ロレンツ変換に対して不変ではない。一方，ラグランジアン$(1/2)bR$はこれに対して不変であるから，R_2からの項

は，[5]における微分を共変微分にするようになっているはずである。この意味で，R_2からの寄与を直接計算するかわりに，[5]において∂_σをD_σでおきかえ，さらに(2.22b)を使うと

$$\frac{\delta}{\delta\omega^{pq}{}_{,\rho}}\left(\frac{1}{2}bR\right)=-b(b_k{}^\rho b_p{}^\sigma b_q{}^\lambda+2b_{[p}{}^\rho b_{q]}{}^\sigma b_k{}^\lambda)bC^k{}_{,\sigma\lambda}$$
$$=-b(C^\rho{}_{,pq}+b_p{}^\rho C_q-b_q{}^\rho C_p) \qquad [6]$$

となる。これが(3.4a)である。

4-1 $\bar{\psi}\Gamma^\mu\psi$は，共変微分に関しても反変ベクトルとして正しくふるまうことを示せ。

$$V^\mu=\bar{\psi}\Gamma^\mu\psi \qquad [1]$$

とおく。この右辺に全共変微分$\mathscr{D}_\nu$を作用させる。(2.20)により

$$\mathscr{D}_\nu\Gamma^\mu=0 \qquad [2]$$

であるから

$$\mathscr{D}_\nu V^\mu=(\mathscr{D}_\nu\bar{\psi})\Gamma^\mu\psi+\bar{\psi}\Gamma^\mu(\mathscr{D}_\nu\psi) \qquad [3]$$

である。ここでψは一般座標変換に対してスカラーであるから

$$\mathscr{D}_\nu\psi=D_\nu\psi, \qquad \mathscr{D}_\nu\bar{\psi}=\bar{\psi}\overleftarrow{D}_\nu \qquad [4]$$

とみなしてよい。(4.11a)，(4.12c)より

$$[3]=\bar{\psi}\left(\overleftarrow{\partial}_\nu\Gamma^\mu+\Gamma^\mu\partial_\nu+\frac{1}{4}\omega^{ij}{}_{,\nu}[\Gamma^\mu,\Gamma_{ij}]\right)\psi$$
$$=\partial_\nu(\bar{\psi}\Gamma^\mu\psi)-\bar{\psi}(\partial_\nu\Gamma^\mu)\psi+\omega^{ij}{}_{,\nu}b_i{}^\mu\bar{\psi}\Gamma_j\psi \qquad [5]$$

を得る。途中で(4.11c)を使った。最後の式の第2項については[2]より

$$0=\mathscr{D}_\nu\Gamma^\mu=(\mathscr{D}_\nu b_k{}^\mu)\Gamma^k$$
$$=(\partial_\nu b_k{}^\mu+\omega_{kl,\nu}b^{l\mu}+\Gamma^\mu{}_{\lambda\nu}b_k{}^\lambda)\Gamma^k \qquad [6a]$$

すなわち

$$\partial_\nu\Gamma^\mu=-\omega_{kl,\nu}b^{l\mu}\Gamma^k-\Gamma^\mu{}_{\lambda\nu}\Gamma^\lambda \qquad [6b]$$

を使う。この右辺第1項は[5]の最後の項を打ち消し，[3]は結局

$$\mathscr{D}_\nu V^\mu = \partial_\nu V^\mu + \Gamma^\mu{}_{\lambda\nu} V^\lambda \qquad [7]$$

となる。V_μ は局所ロレンツ変換に対してはスカラーであるから，左辺の $\mathscr{D}_\nu$ は ∇_ν でおきかえてよく，したがって[7]は (1.4b) に一致する。

4-2：(4.12a) と (4.13) とが同等であることを示せ。
(4.12a) の第 2 項における

$$b\bar{\psi}\overleftarrow{\not{D}}\psi = b(\partial_\mu\bar{\psi} - \frac{1}{4}\omega^{ij}{}_{,\mu}\bar{\psi}\Gamma_{ij})b_k{}^\mu\Gamma^k\psi \qquad [1]$$

で部分積分をすると

$$[1] \overset{\scriptscriptstyle\text{又}}{=} -[\partial_\mu(bb_k{}^\mu)]\bar{\psi}\Gamma^k\psi - b\bar{\psi}\Gamma^\mu\partial_\mu\psi - \frac{1}{4}b\omega^{ij}{}_{,\mu}\bar{\psi}\Gamma_{ij}\Gamma^\mu\psi \qquad [2]$$

となる。多脚場条件 (2.20) により

$$\mathscr{D}_\mu(b_k{}^\mu) = 0 = \nabla_\mu b_k{}^\mu + \omega_{kl,\mu}b^{l\mu} \qquad [3a]$$

および，一般座標における発散の公式

$$\nabla_\mu b_k{}^\mu = \frac{1}{b}\partial_\mu(bb_k{}^\mu) \qquad [3b]$$

を使うと

$$\partial_\mu(bb_k{}^\mu) = -b\omega_{kl,\mu}b^{l\mu} \qquad [3c]$$

を得る。また[2]の最後の項で

$$\begin{aligned}\Gamma_{ij}\Gamma^\mu &= [\Gamma_{ij}, \Gamma^\mu] + \Gamma^\mu\Gamma^{ij} \qquad [4]\\ &= -2(b_i{}^\mu\Gamma_j - b_j{}^\mu\Gamma_i) + \Gamma^\mu\Gamma^{ij}\end{aligned}$$

を使うと，この第 2 行の始めの 2 項からの寄与が，[3c]を[2]の第 1 項に代入したものをちょうど打ち消し，また[4]の最後の式の第 3 項からの寄与は，[2]の第 2 項の ∂_μ を D_μ でおきかえる働きをすることがわかる。結局

$$b\bar{\psi}\overleftarrow{\not{D}}\psi \overset{\scriptscriptstyle\text{又}}{=} -b\bar{\psi}\not{D}\psi \qquad [5]$$

が得られる。

4-3：(2.16c)の非整次項は無振率部分 $\omega^{ij}_{\diamond,\mu}$ から出てくることを示せ。

局所ロレンツ変換 $b_{i\mu}\to\varepsilon_{ij}b^j{}_\mu$ に対して，その微分は

$$\partial_\nu b_{i\mu}\to\varepsilon_{ij}\partial_\nu b^j{}_\mu+(\partial_\nu\varepsilon_{ij})b^j{}_\mu \qquad [1]$$

と変換するが，この第2項からの寄与にのみ注目し，それを δ' で表す。まず

$$\begin{aligned}\delta'\Delta_{k,ij}&=b_i{}^\mu b_j{}^\nu(\partial_\nu\varepsilon_{kl})b^l{}_\mu-(i\leftrightarrow j)\\&=b_j{}^\nu(\partial_\nu\varepsilon_{ki})-b_i{}^\nu(\partial_\nu\varepsilon_{kj})\end{aligned} \qquad [2]$$

となり，これより直ちに

$$\begin{aligned}\delta'\omega_{\diamond ij,k}&=\frac{1}{2}\delta'(\Delta_{k,ij}-\Delta_{i,jk}+\Delta_{j,ik})\\&=-b_k{}^\nu(\partial_\nu\varepsilon_{ij})\end{aligned} \qquad [3a]$$

さらに

$$\delta'\omega_{\diamond ij,\mu}=b^k{}_\mu(\delta'\omega_{\diamond ij,k})=-\partial_\mu\varepsilon_{ij} \qquad [3b]$$

を得る。

5-1　(5.6)および(5.7a)を導け。

始めに，ある変換に対してラグランジァンが発散となる場合の保存則について復習しておこう。簡単のため，一種類の場 $\phi(x)$ を考える。ラグランジァンの変化は

$$\delta L=\frac{\partial L}{\partial\phi}\delta\phi+\frac{\partial L}{\partial(\partial_\mu\phi)}\delta(\partial_\mu\phi) \qquad [1]$$

であるが，第2項で δ と ∂_μ とを交換し，オイラー方程式を使うと

$$\delta L=\partial_\mu(\bar{\varepsilon}J^{(N)\mu}) \qquad [2]$$

となる。ここでネーターの流れ $J^{(N)}{}_\mu$ は

$$\bar{\varepsilon}J^{(N)\mu}=\frac{\partial L}{\partial(\partial_\mu\phi)}\delta\phi \qquad [3]$$

によって定義される。またεは変換のパラメターである。一方 L の変化が

$$\delta L=\partial_\mu(\bar{\varepsilon}J^{(S)\mu}) \qquad [4]$$

と表されたとすると，[2]と[4]より

$$\partial_\mu J^\mu=0 \qquad [5]$$

が得られる。ここで全体の保存流 J^μ は

$$J^{\mu}=J^{(N)\mu}-J^{(S)\mu} \qquad [6]$$

で与えられる。

まず δL を計算する。(5.2) の第1項からの寄与は (5.5a) から簡単に求められる：

$$\delta\left(-\frac{1}{2}\partial_{\mu}A\partial^{\mu}A\right)=-(\partial_{\mu}\delta A)\partial^{\mu}A=-(\bar{\varepsilon}\partial_{\mu}\psi)\partial^{\mu}A \qquad [7a]$$

第2項からの寄与も同様である：

$$\delta\left(-\frac{1}{2}\partial_{\mu}B\partial^{\mu}B\right)=i(\bar{\varepsilon}\gamma_5\partial_{\mu}\psi)\partial^{\mu}B \qquad [7b]$$

しかし第3項からの寄与の計算には注意を要する。まず $\bar{\psi}\partial\!\!\!/\psi$ を次のように2様に書いておく：

$$\bar{\psi}\partial\!\!\!/\psi=\partial_{\mu}\psi^{T}\cdot C^{-1}\gamma^{\mu}\psi \qquad [8]$$

第2の形は，第1の形で右にあった $\partial_{\mu}\psi$ を左にもってきたものであり，$\partial_{\mu}\psi$ について左変分するときに用いる。これに (5.5c)，およびそれの転置

$$\delta\psi^{T}C^{-1}=\bar{\varepsilon}[\partial_{\mu}(A-i\gamma_5B)\gamma^{\mu}-(F+i\gamma_5G)] \qquad [9]$$

を代入すると

$$\begin{aligned}\delta\left(-\frac{1}{2}\bar{\psi}\partial\!\!\!/\psi\right)=\frac{1}{2}\bar{\varepsilon}\{&[\partial_{\mu}(A-i\gamma_5B)\gamma^{\mu}-(F+i\gamma_5G)]\partial\!\!\!/\psi\\ &-[\partial_{\mu}\partial_{\nu}(A-i\gamma_5B)\gamma^{\nu}-\partial_{\mu}(F+i\gamma_5G)]\gamma^{\mu}\psi\}\end{aligned} \qquad [10]$$

を得る。(5.2) の第4項，第5項からの寄与は

$$\bar{\varepsilon}(F\partial\!\!\!/\psi+iG\gamma_5\partial\!\!\!/\psi) \qquad [11]$$

である。

これまでの[7]，[10]，[11]を集めておく。A を含んでいる項のみ集めると

$$\begin{aligned}&-(\bar{\varepsilon}\partial_{\mu}\psi)\partial^{\mu}A+\frac{1}{2}\bar{\varepsilon}[(\partial_{\mu}A)\gamma^{\mu}\gamma^{\nu}\partial_{\nu}\psi-(\partial_{\mu}\partial_{\nu}A)\gamma^{\nu}\gamma^{\mu}\psi]\\ &=-\frac{1}{2}\partial_{\mu}[(\bar{\varepsilon}\gamma^{\mu}\gamma^{\nu}\psi)\partial_{\nu}A]\end{aligned} \qquad [12a]$$

となる。同様に B の項は

$$\frac{1}{2}\partial_{\mu}[(\bar{\varepsilon}i\gamma_5\gamma^{\mu}\gamma^{\nu})\partial_{\nu}B] \qquad [12b]$$

となる。F，G の項は特に問題はなく，結局，全部の和は $\bar{\varepsilon}\partial_{\mu}J^{(S1)\mu}$ の形となる。ここで多少の変形ののち

$$J^{(S1)\mu}=\{-\partial^{\mu}(A-i\gamma_5 B)-\frac{1}{2}[\partial\!\!\!/(A+i\gamma_5 B)+(F+i\gamma_5 G)]\gamma^{\mu}\}\psi \qquad [13]$$

が得られる。

次に質量項に移ろう。$\bar{\psi}\psi$ の項については，二つのψの変化の寄与は同じであることがわかり

$$\delta(-\frac{1}{2}m\bar{\psi}\psi)=m\bar{\varepsilon}\{[\partial_{\mu}(A-i\gamma_5 B)]\gamma^{\mu}-(F+i\gamma_5 G)\}\psi \qquad [14]$$

となる。また

$$\delta[m(AF-BG)]=m\bar{\varepsilon}[(A-i\gamma_5 B)\partial\!\!\!/\psi+(F+i\gamma_5 G)\psi] \qquad [15]$$

も容易に得られる。[14]と[15]をたすと，F，G の項は消え，ふたたび $\bar{\varepsilon}\partial_{\mu}J^{(S2)\mu}$ のかたちとなる。ただし

$$J^{(S2)\mu}=m(A-i\gamma_5 B)\gamma^{\mu}\psi \qquad [16]$$

である。今，計算を簡単にするために，$g=0$ として相互作用の項を落とすと，場の方程式 (5.3) により[16]は

$$J^{(S2)\mu}=-(F+i\gamma_5 G)\gamma^{\mu}\psi \qquad [17]$$

と書かれることがわかる。これと[13]とを加えて

$$J^{(S)\mu}=-[\partial^{\mu}(A-i\gamma_5 B)]\psi+\frac{1}{2}[\partial\!\!\!/(A+i\gamma_5 B)-(F+i\gamma_5 G)]\gamma^{\mu}\psi \qquad [18]$$

が δL の表面項を与え，(5.6) と一致する。

次にネーターの流れの計算にはいろう。まず

$$\frac{\partial L}{\partial(\partial_{\mu}A)}\delta A+\frac{\partial L}{\partial(\partial_{\mu}B)}\delta B=-\bar{\varepsilon}[\partial^{\mu}(A-i\gamma_5 B)]\psi \qquad [19]$$

を得る。ついで

$$\begin{aligned}\delta\psi^{T}\frac{\partial L}{\partial(\partial_{\mu}\psi)}&=-\frac{1}{2}[9]\gamma^{\mu}\psi \qquad [20]\\ &=\frac{1}{2}\bar{\varepsilon}[-\partial\!\!\!/(A+i\gamma_5 B)+(F+i\gamma_5 G)]\gamma^{\mu}\psi\end{aligned}$$

を得，これらを加えて $\bar{\varepsilon}$ をはずしたものが $J^{(N)\mu}$ である。これと[18]とを[6]に代入することにより (5.7a)

$$J^{\mu}=-[\not{\partial}(A+i\gamma_5 B)-(F+i\gamma_5 G)]\gamma^{\mu}\psi \qquad [21]$$

を得る。

5-2：(5.16c) を導け。

(5.16b)の右辺を

$$\gamma^{\mu}[\varepsilon_1(\bar{\varepsilon}_2\partial_{\mu}\psi)-\gamma_5\varepsilon_1(\bar{\varepsilon}_2\gamma_5\partial_{\mu}\psi)] \qquad [1]$$

と書いておく。第1項で，$\varepsilon_1=b$, $\bar{\varepsilon}_2=\bar{c}$, $\partial_{\mu}\psi=d$ として (E.8) で，$\bar{a}$ を除いた部分に代入し，結果において $\partial_{\mu}\psi$ を右側に移すと

$$\begin{aligned}\varepsilon_1(\bar{\varepsilon}_2\partial_{\mu}\psi)=&-\frac{1}{4}[(\bar{\varepsilon}_2\varepsilon_1)+(\bar{\varepsilon}_2\gamma^{\rho}\varepsilon_1)\gamma_{\rho}\\&-\frac{1}{2}(\bar{\varepsilon}_2\gamma^{\rho\sigma}\varepsilon_1)\gamma_{\rho\sigma}-(\bar{\varepsilon}_2\gamma_5\gamma^{\rho}\varepsilon_1)\gamma_5\gamma_{\rho}+(\bar{\varepsilon}_2\gamma_5\varepsilon_1)\gamma_5]\partial_{\mu}\psi\end{aligned} \qquad [2]$$

を得る。同様に，[1]の第2項で $\gamma_5\varepsilon_1=b$, $\bar{\varepsilon}_2\gamma_5=\bar{c}$, $\partial_{\mu}\psi=d$ とすると

$$\begin{aligned}\gamma_5\varepsilon_1(\bar{\varepsilon}_2\gamma_5\partial_{\mu}\psi)=&-\frac{1}{4}[(\bar{\varepsilon}_2\varepsilon_1)-(\bar{\varepsilon}_2\gamma^{\rho}\varepsilon_1)\gamma_{\rho}\\&-\frac{1}{2}(\bar{\varepsilon}_2\gamma^{\rho\sigma}\varepsilon_1)\gamma_{\rho\sigma}+(\bar{\varepsilon}_2\gamma_5\gamma^{\rho}\varepsilon_1)\gamma_5\gamma_{\rho}+(\bar{\varepsilon}_2\gamma_5\varepsilon_1)\gamma_5]\partial_{\mu}\psi\end{aligned} \qquad [3]$$

となる。これより

$$[2]-[3]=-\frac{1}{2}[(\bar{\varepsilon}_2\gamma^{\rho}\varepsilon_1)\gamma_{\rho}-(\bar{\varepsilon}_2\gamma_5\gamma^{\rho}\varepsilon_1)\gamma_5\gamma_{\rho}]\partial_{\mu}\psi \qquad [4]$$

を得る。これに γ^{μ} をかけたものが $\delta_2\delta_1\psi$ である。ε_1 と ε_2 を交換したものを引くと，(5.10)の第2，第4式により[4]の第2項は落ちる。こうして

$$[\delta_2,\delta_1]\psi=-(\bar{\varepsilon}_2\gamma^{\rho}\varepsilon_1)\gamma^{\mu}\gamma_{\rho}\partial_{\mu}\psi \qquad [5]$$

を得る。

6-1：(6.7a) を導け。

(C.3b) より

$$\gamma^{\rho\mu\sigma}=\gamma^{\rho\mu}\gamma^{\sigma}+\eta^{\rho\sigma}\gamma^{\mu}-\eta^{\sigma\mu}\gamma^{\rho} \qquad [1]$$

これに (C.3a)

$$\gamma^{\rho\mu}=\gamma^{\rho}\gamma^{\mu}-\eta^{\rho\mu} \qquad [2]$$

を代入すると (6.7a) を得る。

6-2：(6.8) の第１項のゲージ不変性の証明の後半。

(6.8) の第１項を部分積分すると

$$\frac{1}{2}\partial_\mu\bar{\psi}_\rho\cdot\gamma^{\rho\mu\sigma}\psi_\sigma \qquad [1]$$

であり，$\bar{\psi}_\rho$ を $\partial_\rho\bar{\chi}$ でおきかえればゼロとなることは，前半と同様。

6-3：(6.14b) の ϕ はゴーストであることを示せ。

$$\psi_\mu=\chi_\mu+\frac{1}{4}\gamma_\mu\phi \qquad [1a]$$

と書く。ただし

$$\chi_\mu=\psi_\mu-\frac{1}{4}\gamma_\mu\phi, \qquad \phi=\gamma^\nu\psi_\nu \qquad [1b]$$

で，明らかに

$$\gamma^\mu\chi_\mu=0 \qquad [2]$$

である。同様に

$$\bar{\psi}_\mu=\bar{\chi}_\mu-\frac{1}{4}\bar{\phi}\gamma_\mu, \qquad \bar{\phi}=-\bar{\psi}_\nu\gamma^\nu \qquad [3]$$

とする。

これらを (6.9) に代入すると

$$\begin{aligned}L=&-\frac{1}{2}\bar{\chi}_\rho\gamma^{\rho\mu\sigma}\partial_\mu\chi_\sigma-\frac{1}{8}\bar{\chi}_\rho\gamma^{\rho\mu\sigma}\gamma_\sigma\partial_\mu\phi\\&+\frac{1}{8}\bar{\phi}\gamma_\rho\gamma^{\rho\mu\sigma}\partial_\mu\chi_\sigma+\frac{1}{32}\bar{\phi}\gamma_\rho\gamma^{\rho\mu\sigma}\gamma_\sigma\partial_\mu\phi\end{aligned} \qquad [4]$$

となる。(6.7a) を用いて

$$\begin{aligned}&\gamma^{\rho\mu\sigma}\gamma_\sigma=2(\gamma^\rho\gamma^\mu-\eta^{\rho\mu}), \quad \gamma_\rho\gamma^{\rho\mu\sigma}=2(\gamma^\mu\gamma^\sigma-\eta^{\mu\sigma})\\&\gamma_\rho\gamma^{\rho\mu\sigma}\gamma_\sigma=6\gamma^\mu\end{aligned} \qquad [5]$$

を得る。これらを代入すると

$$[4]\text{の第 2 項}=-\frac{1}{4}\bar{\chi}_\rho\gamma^\rho \not\partial\phi+\frac{1}{4}\bar{\chi}^\mu\partial_\mu\phi \qquad [6a]$$

$$[4]\text{の第 3 項}=\frac{1}{4}\bar{\phi}\not\partial\gamma^\sigma\chi_\sigma-\frac{1}{4}\bar{\phi}\partial_\mu\chi^\mu \qquad [6b]$$

$$[4]\text{の第 4 項}=\frac{3}{16}\bar{\phi}\not\partial\phi \qquad [6c]$$

となるが，[2]により，[6a]，[6b]の第 1 項はゼロである。また[1a]から

$$\partial_\mu\chi^\mu=\partial_\mu\psi^\mu-\frac{1}{4}\not\partial\phi \qquad [7a]$$

である。ここで条件 (6.16a) を課すると

$$\partial_\mu\chi^\mu=-\frac{1}{4}\not\partial\phi \qquad [7b]$$

となる。また

$$\partial_\mu\bar{\chi}^\mu=\frac{1}{4}\bar{\phi}\overleftarrow{\not\partial} \qquad [7c]$$

である。これらにより

$$[6a]\cong-\frac{1}{4}\bar{\chi}^\mu\overleftarrow{\partial}_\mu\phi=-\frac{1}{16}\bar{\phi}\overleftarrow{\not\partial}\phi\cong\frac{1}{16}\bar{\phi}\not\partial\phi \qquad [8a]$$

$$[6b]=\frac{1}{16}\bar{\phi}\not\partial\phi \qquad [8b]$$

が得られる。こうして[4]は

$$L\cong-\frac{1}{2}\bar{\chi}_\rho\gamma^{\rho\mu\sigma}\partial_\mu\chi_\sigma+\frac{5}{16}\bar{\phi}\not\partial\phi \qquad [9]$$

となる。この第 2 項の符号は，ϕ がゴーストであることを意味する。

7-1：(7.10a) から (7.10b) を導け。

$$0=\delta(b_k{}^\mu b^l{}_\mu)=(\delta b_k{}^\mu)b^l{}_\mu+b_k{}^\mu(\delta b^l{}_\mu) \qquad [1]$$

より直ちに

$$\delta b^l{}_\nu=-b^k{}_\nu b^l{}_\mu(\delta b_k{}^\mu)=(\bar{\varepsilon}\gamma^l\psi_\nu) \qquad [2]$$

が得られる。

7-2：(7.14) を導け。

(6.26a) の応用として $\bar{\psi}_\rho\gamma_5\gamma^\nu\psi_\sigma=\bar{\psi}_\sigma\gamma_5\gamma^\nu\psi_\rho$，すなわち，この量は $\rho\sigma$ について対称である。したがって $\rho\sigma$ について反対称化された A_S はゼロとなる。一方，荷電共役に対して奇である γ^ν を含む A_P はゼロではい。

同様な計算をすると

$$A_V=-\frac{1}{2}(\bar{\psi}_\rho\gamma_5\gamma^\tau\gamma_\nu\psi_\sigma-\bar{\psi}_\rho\gamma^\nu\gamma^\tau\gamma_5\psi_\sigma) \qquad [1a]$$
$$=\bar{\psi}_\rho\gamma_5\gamma^{\nu\tau}\psi_\rho$$

$$A_A=-\frac{1}{2}(\bar{\psi}_\rho\gamma^\tau\gamma^\nu\psi_\sigma-\bar{\psi}_\rho\gamma^\nu\gamma^\tau\psi_\sigma) \qquad [1b]$$
$$=-\bar{\psi}_\rho\gamma^{\nu\tau}\psi_\sigma$$

次に

$$A_T=-i\frac{1}{2}\bar{\psi}_\rho(\gamma_5\gamma^{\tau\theta}\gamma^\nu-\gamma^\nu\gamma^{\tau\theta}\gamma_5)\psi_\sigma \qquad [2]$$
$$=-i\frac{1}{2}\bar{\psi}_\rho\gamma_5\{\gamma^{\tau\theta},\gamma^\nu\}\psi_\sigma=\varepsilon^{\tau\theta\nu\kappa}\bar{\psi}_\rho\gamma_\kappa\psi_\sigma$$

となる。

7-3：(7.15) を導け。

(7.13a) の（　）の中の第 1，2 項で (7.14) の第 2 式を使うと

$$A_V\gamma_\tau\gamma_5\gamma_\nu=-(\bar{\psi}_\rho\gamma_5\gamma^{\nu\tau}\psi_\rho)\gamma_5\gamma_\tau\gamma_\nu \qquad [1a]$$
$$=(\bar{\psi}_\rho\gamma_5\gamma^{\nu\tau}\psi_\sigma)\gamma_5\gamma_{\nu\tau}$$

となる。同様に (7.13a) の（　）の中の第 4 項は

$$-A_A\gamma_5\gamma_\tau\gamma_5\gamma_\nu=(\bar{\psi}_\rho\gamma^{\nu\tau}\psi_\sigma)\gamma_\tau\gamma_\nu \qquad [1b]$$
$$=-(\bar{\psi}_\rho\gamma^{\nu\tau}\psi_\sigma)\gamma_{\nu\tau}$$

となる。ところで

$$\gamma_5\gamma_{ij}=-i\frac{1}{2}\varepsilon_{ijkl}\gamma^{kl} \qquad [2a]$$

が成り立ち，したがって

$$(\gamma_5\gamma^{\mu\nu})(\gamma_5\gamma_{\mu\nu})=(\gamma_5\gamma^{ij})(\gamma_5\gamma_{ij})=(\gamma^{ij})(\gamma_{ij}) \\ =(\gamma^{\mu\nu})(\gamma_{\mu\nu}) \tag{2b}$$

である。ここで

$$\varepsilon_{ijkl}\varepsilon^{ijmn}=-2(\delta_k^m\delta_l^n-\delta_k^n\delta_l^m) \tag{2c}$$

を使った。[2b]により

$$[1a]+[1b]=0 \tag{3}$$

であることがわかる。

さらに(7.13a)の(　)の中の第3項においては

$$-\frac{1}{2}A_T\gamma_{\tau\theta}\gamma_5\gamma_\nu=-i\frac{1}{2}(\bar{\psi}_\rho\gamma_\kappa\psi_\sigma)\varepsilon^{\tau\theta\nu\kappa}\gamma_{\tau\theta}\gamma_5\gamma_\nu \\ =(\bar{\psi}_\rho\gamma_\kappa\psi_\sigma)\gamma^{\nu\kappa}\gamma_\nu=-3(\bar{\psi}_\rho\gamma_\kappa\psi_\sigma)\gamma^\kappa=-3A_P\gamma_\nu \tag{4}$$

を得る。これらすべてを(7.13a)に代入することにより

$$(7.13\mathrm{a})=\frac{1}{2}A_P\gamma_\nu D_\lambda\psi_\mu=\frac{1}{2}(\bar{\psi}_{[\rho}\gamma^\nu\psi_{\sigma]})\gamma_\nu D_\lambda\psi_\mu \tag{5}$$

となる。これは(7.12)の[　]の中の第2項のマイナスに等しい。

9-1　(9.8b)の最後の結果を導け。

(9.8b)の第1行の

$$g^{MN}\partial_M\phi\partial_N=\eta^{\mu\nu}\partial_\mu\partial_\nu\phi+a^{-2}\partial_\theta\phi\partial_\theta\phi \tag{1}$$

において第1項は

$$\int d\theta\partial_\mu\phi\partial^\mu\phi=\sum_n\sum_m\frac{1}{2\pi}\int d\theta\partial_\mu\phi_m\partial^\mu\phi_n e^{i(m+n)\theta}=\sum_n\partial_\mu\phi_{-n}\partial^\mu\phi_n \tag{2}$$

であるが，n の和を0と正負の整数にわけると

$$[2]=\partial_\mu\phi_0\partial^\mu\phi_0+\sum_{n\geqq1}(\partial_\mu\phi_{-n}\partial^\mu\phi_n+\partial_\mu\phi_n\partial^\mu\phi_{-n}) \\ =\partial_\mu\phi_0\partial^\mu\phi_0+2\sum_{n\geqq1}\partial_\mu\phi_n^*\partial^\mu\phi_n \tag{3}$$

となる。ここで(9.7b)を使った。もちろん $\phi_0(x)$ はそれ自身で実数場である。[1]の第2項についても同様の計算をすると

$$\int d\theta \partial_\theta \phi \partial_\theta \phi = \sum_n \sum_m \frac{1}{2\pi} \int d\theta (im\phi_m)(in\phi_n) e^{i(m+n)\theta}$$
$$= \sum_n n^2 \phi_{-n} \phi_n = 2 \sum_{n \geqq 1} n^2 \phi_n^* \phi_n \qquad [4]$$

となる。

9-2　(9.17c)における $g^{\alpha\beta}\mathscr{D}_\alpha\mathscr{D}_\beta$ が非正の演算子であることを示せ。

この演算子を $\psi^\dagger$ と ψ ではさみ，$\sqrt{g}=\sqrt{g_n}$ をかけて y 積分する：

$$I \equiv \int \sqrt{g}\, d^n y \psi^\dagger g^{\alpha\beta} \mathscr{D}_\alpha \mathscr{D}_\beta \psi \qquad [1]$$

これに

$$\mathscr{D}_\alpha \mathscr{D}_\beta \psi = \partial_\alpha \mathscr{D}_\beta \psi - \Gamma^\gamma{}_{\beta\alpha} \mathscr{D}_\gamma \psi - \frac{1}{4} \omega^{ab}{}_{,\alpha} \Gamma_{ab} \mathscr{D}_\beta \psi \qquad [2]$$

を代入する。[2]の第1項の寄与において部分積分をすると

$$I_1 = -\int d^n y \partial_\alpha (\sqrt{g}\, g^{\alpha\beta} \psi^\dagger) \cdot \mathscr{D}_\beta \psi$$
$$= -\int d^n y [\partial_\alpha (\sqrt{g}\, g^{\alpha\beta}) \cdot \psi^\dagger + \sqrt{g}\, g^{\alpha\beta} \partial_\alpha \psi^\dagger] \mathscr{D}_\beta \psi \qquad [3]$$

となる。ここで

$$\partial_\alpha (\sqrt{g}\, g^{\alpha\beta}) = -\sqrt{g}\, \Gamma^\beta{}_{\alpha\gamma} g^{\alpha\gamma} \qquad [4]$$

は容易に示される。これにより[3]の第1項は，[2]の第2項からの寄与をちょうど打ち消すことがわかる。したがって[1]は，[3]の第2項と，[2]の第3項が残り

$$I = -\int \sqrt{g}\, d^n y g^{\alpha\beta} (\partial_\alpha \psi^\dagger + \frac{1}{4} \omega^{ab}{}_{,\alpha} \psi^\dagger \Gamma_{ab}) \mathscr{D}_\beta \psi \qquad [5]$$

となる。ここで a，b はすべて「空間的」な座標に対応するから $\Gamma_{ab}{}^\dagger = -\Gamma_{ab}$ であることを考慮すると

$$I = -\int \sqrt{g}\, d^n y g^{\alpha\beta} (\mathscr{D}_\alpha \psi)^\dagger (\mathscr{D}_\beta \psi) \qquad [6]$$

で，コンパクトな空間では，これは $\leqq 0$ である。ψ，$\psi^\dagger$ は任意であったから，これで $g^{\alpha\beta}\mathscr{D}_\alpha\mathscr{D}_\beta$ が非正の演算子であることがわかる。

9-3　(9.17c)の第2項の一般的な計算。

(9.17c)の第2項に，(2.30a)で D_μ を $\mathscr{D}_\alpha$ でおきかえ，捩率をゼロとおいた式

$$[\mathscr{D}_\alpha,\mathscr{D}_\beta]=\frac{1}{4}R^{ab}{}_{\alpha\beta}\Gamma_{ab} \qquad [1]$$

を代入すると（$S_{ab}=\Gamma_{ab}/2$。また内部空間の接空間の添字として $a,b,\cdots$ を用いる），

$$\frac{1}{4}[\Gamma^\alpha,\ \Gamma^\beta][\mathscr{D}_\alpha,\mathscr{D}_\beta]=\frac{1}{8}R_{ab,cd}\{\Gamma^{ab},\ \Gamma^{cd}\} \qquad [2]$$

となる。ここで，リーマンテンソルの対称性 $R_{ab,cd}=R_{cd,ab}$ を使った。(C.4)で $p=q=2$ とおくと

$$\Gamma^{ab}\Gamma^{cd}=\Gamma^{abcd}-4\overline{\eta^{ac}\Gamma^{bd}}-2\overline{\eta^{ac}\eta^{bd}} \qquad [3]$$

を得るが，これから

$$\{\Gamma^{ab},\Gamma^{cd}\}=2\Gamma^{abcd}-2(\eta^{ad}\Gamma^{bc}-\eta^{bc}\Gamma^{ad})-2(\eta^{ac}\eta^{bd}-\eta^{ad}\eta^{bc}) \qquad [4]$$

が得られる。これに $R_{ab,cd}$ をかけるのであるが，[4]の第1項からの寄与は，巡回恒等式(1.19c)によってゼロとなる（捩率があると，必ずしもゼロとはならないことに注意）。[4]の第2項からの寄与は，ふたたび $R_{ab,cd}=R_{cd,ab}$ のために消えてしまう。最後に[4]の第3項からはスカラー曲率 R が出てくる：

$$\frac{1}{4}[\Gamma^\alpha,\ \Gamma^\beta][\mathscr{D}_\alpha,\mathscr{D}_\beta]=-\frac{1}{4}R \qquad [5]$$

9-4　(9.29b)を導け。

微小な一般座標変換

$$y^\alpha\longrightarrow y'^\alpha=y^\alpha-\xi^\alpha \qquad [1]$$

に対して計量は

$$\begin{aligned} g_{\alpha\beta}(y)\longrightarrow g'_{\alpha\beta}(y')&=\frac{\partial y^\gamma}{\partial y'^\alpha}\frac{\partial y^\delta}{\partial y'^\beta}g_{\gamma\delta}(y)\\ &=(\delta^\gamma_\alpha+\partial_\alpha\xi^\gamma)(\delta^\delta_\beta+\partial_\beta\xi^\delta)g_{\gamma\delta}\\ &=g_{\alpha\beta}+(\partial_\alpha\xi^\gamma)g_{\gamma\beta}+(\partial_\beta\xi^\gamma)g_{\alpha\gamma} \end{aligned} \qquad [2]$$

のように変わる。リー微分は

$$\begin{aligned} \delta_* g_{\alpha\beta}&\equiv g'_{\alpha\beta}(y')-g_{\alpha\beta}(y')=g'_{\alpha\beta}(y')-g_{\alpha\beta}(y)+g_{\alpha\beta}(y)-g'_{\alpha\beta}(y)\\ &=(\partial_\alpha\xi^\gamma)g_{\gamma\beta}+(\partial_\beta\xi^\gamma)g_{\alpha\gamma}+\xi^\gamma(\partial_\gamma g_{\alpha\beta}) \end{aligned} \qquad [3]$$

で与えられる。第1項は

$$(\partial_\alpha \xi^\gamma) g_{\gamma\beta} = \partial_\alpha (g^{\gamma\delta} \xi_\delta) g_{\gamma\beta} = (\partial_\alpha g^{\gamma\delta}) g_{\gamma\beta} \xi_\delta + \partial_\alpha \xi_\beta \qquad [4]$$

と変形できる。第 2 項も同様に変形して[3]に代入すると

$$\delta_* g_{\alpha\beta} = \partial_\alpha \xi_\beta + \partial_\beta \xi_\alpha + [g_{\gamma\beta}(\partial_\alpha g^{\gamma\delta}) + g_{\gamma\alpha}(\partial_\beta g^{\gamma\delta}) + g^{\gamma\delta}(\partial_\gamma g_{\alpha\beta})] \xi_\delta \qquad [5]$$

となる。[ ]の中を変形すると $-2\Gamma^\delta{}_{\alpha\beta}$ となることがわかる。ただし，捩率はないとした。したがって

$$\begin{aligned} \delta_* g_{\alpha\beta} &= (\partial_\alpha \xi_\beta - \Gamma^\delta{}_{\beta\alpha} \xi_\delta) + (\partial_\beta \xi_\alpha - \Gamma^\delta{}_{\alpha\beta} \xi_\delta) \\ &= \nabla_\alpha \xi_\beta + \nabla_\beta \xi_\alpha \end{aligned} \qquad [6]$$

を得る。ξ として(9.28b)をみたすキリングベクトルをとれば(9.29b)が得られる。

10-1　(10.2g)の確認

(10.2g)の第 1 式の一部分を試してみる。

$M = \mu, N = \nu$

$$b^A{}_\mu b_A{}^\nu = b^i{}_\mu b_i{}^\nu + b^a{}_\mu b_a{}^\nu \qquad [1]$$

この第 1 項には(10.2c)の第 1 式が使える。第 2 項において $b_a{}^\nu = 0$ (10.2d)なので，$\delta_\mu{}^\nu$ を得る。

$M = \mu, N = \alpha$

$$b_\mu{}^A b_A{}^\alpha = b^i{}_\mu b_i{}^\alpha + b^a{}_\mu b_a{}^\alpha \qquad [2a]$$

第 1 項の $b_i{}^\alpha$ には(10.2a)から，第 2 項の $b^a{}_\mu$ には(10.2b)から代入すれば，2 つの項が打ち消しあうことがわかる：

$$[2a] = -eK_I^\alpha A^I{}_\mu + eK_I^\alpha A^I{}_\mu = 0 \qquad [2b]$$

ただし，(10.2e)を使った。また，こうなるように，$b_i{}^\alpha$ と $b^a{}_\mu$ は，一方から他方が決められているのである。

他の成分も同様に確認することができる。

10-2　g_{MN} と g^{MN} を求めよ。

$$g_{MN} = b^A{}_M b_{AN},\ g^{MN} = b_A{}^M b^{AN} \qquad [1]$$

に(10.2a)，(10.2b)を代入すれば

$$g_{MN}=\begin{pmatrix} g_{\mu\nu}+e^2W_{IJ}A^I_\mu A^J_\nu & eK^I_\beta A^I_\mu \\ eK^I_\alpha A^I{}_\nu & g_{\alpha\beta} \end{pmatrix} \qquad [2a]$$

$$g^{MN}=\begin{pmatrix} g^{\mu\nu} & -eK_I^\beta A_I^\nu \\ -eK_I^\alpha A_I^\mu & g^{\alpha\beta}+e^2K_I^\alpha K_J^\beta A^I_\mu A^{J\mu} \end{pmatrix} \qquad [2b]$$

を得る。

10-3　(10.3d)を導け。

問題3-1の[1]の形から出発する*)。$(1/2)bR_1$ において部分積分をすると

$$\frac{1}{2}bR_1=\partial_\mu(bb_i{}^\mu b_j{}^\nu\omega^{ij}{}_{,\nu})-\partial_\mu(bb_i{}^\mu b_j{}^\nu)\cdot\omega^{ij}{}_{,\nu} \qquad [1]$$

となる。この第1項は(10.3e)を使って

$$\partial_\mu(bb_i{}^\mu\omega^i)\equiv\partial_\mu(b\omega^\mu) \qquad [2]$$

となる。次に[1]の第2項において

$$\partial_\mu b=-bb_{k\lambda}(\partial_\mu b^{k\lambda}) \qquad [3a]$$

を使うと

$$\begin{aligned}\partial_\mu(bb_i{}^\mu b_j{}^\nu)=b[&-b_{k\lambda}b_i{}^\mu b_j{}^\nu(\partial_\mu b^{k\lambda})\\ &+(\partial_\mu b_i{}^\mu)b_j{}^\nu+b_i{}^\mu(\partial_\mu b_j{}^\nu)]\end{aligned} \qquad [3b]$$

である。これに $-\omega^{ij}{}_{,\nu}$ をかけると

$$\begin{aligned}&-\partial_\mu(bb_i{}^\mu b_j{}^\nu)\cdot\omega^{ij}{}_{,\nu}\\ &=-b\{\omega^i[\partial_\mu b_i{}^\mu-b_i{}^\mu b_{k\lambda}(\partial_\mu b^{k\lambda})]+\omega^{\mu j}{}_{,\nu}(\partial_\mu b_j{}^\nu)\}\end{aligned} \qquad [3c]$$

となる。

ここで(2.26b), (2.28a)から

$$\omega^i=b^{i\mu}b_{k\lambda}(\partial_\mu b^{k\lambda})-\partial_\mu b^{i\mu} \qquad [4a]$$

$$\omega^{\overline{ik,j}}=b^k{}_\nu b^{\overline{i\mu}}(\partial_\mu b^{j\nu}) \qquad [4b]$$

を導いておく。[3c]の[　]の中はちょうど[4a]のマイナスに等しい。また[4b]からは

$$\omega_{ij,k}\omega^{ik,j}=\omega_{ij,k}\omega^{\overline{ik,j}}=\omega^{\mu j}{}_{,\nu}(\partial_\mu b_j{}^\nu) \qquad [4c]$$

---

*)　この問題10-3では2節と同様，一般座標の添字に $\mu,\nu,\cdots$，局所ロレンツ系の添字に $i,j,\cdots$ をあてる。この方が2種類の添字を区別するのに便利である。

を得るが，これは[3c]の最後の項に等しい。こうして

$$[3c]=-b(-\omega_i\omega^i+\omega_{ij,k}\omega^{ik,j})=-bR_2 \qquad [5]$$

が得られる。[3a]，[5]を[1]に代入すると

$$\frac{1}{2}bR_1=\partial_\mu(b\omega^\mu)-bR_2 \qquad [6]$$

となる。これに $(1/2)bR_2$ を加えて

$$\begin{aligned}\frac{1}{2}bR&=\partial_\mu(b\omega^\mu)-\frac{1}{2}bR_2\\&=\partial_\mu(b\omega^\mu)+\frac{1}{2}b(\omega_k\omega^k-\omega_{ij,k}\,\omega^{ik,j})\end{aligned} \qquad [7]$$

となる。この第1項を除いたものが(10.3d)である。

10-4　(10.4)を導け。

まず(10.4b)をとりあげてみる。

$$\begin{aligned}\Delta_{a,ij}&=b_i{}^Mb_j{}^N\partial_Nb_{aM}-(i\leftrightarrow j)\\&=b_i{}^\mu b_j{}^\nu\partial_\nu b_{a\mu}+b_i{}^\alpha b_j{}^\nu\partial_\nu b_{a\alpha}\\&\quad+b_i{}^\mu b_j{}^\beta\partial_\beta b_{a\mu}+b_i{}^\alpha b_j{}^\beta\partial_\beta b_{a\alpha}-(i\leftrightarrow j)\end{aligned} \qquad [1]$$

この第1項については

$$\begin{aligned}eb_i{}^\mu b_j{}^\nu\partial_\nu(K_a^IA_\mu^I)-(i\leftrightarrow j)&=eK_a^Ib_i{}^\mu b_j{}^\nu(\partial_\nu A_\mu^I)-(i\leftrightarrow j)\\&=-eK_a^Ib_i{}^\mu b_j{}^\nu(\partial_\mu A_\nu^I-\partial_\nu A_\mu^I)\end{aligned} \qquad [2]$$

[1]の第2項では

$$b_i{}^ab_j{}^\nu(\partial_\nu b^a{}_\alpha)=0 \qquad [3]$$

ここでは，$b^a{}_\alpha$ は x^ν には依存しないことを使った。次に[1]の第3項をみると

$$\begin{aligned}&-e^2b_i{}^\mu K_J^\beta(\partial_\beta K_a^I)A_\mu^IA_j^J-(i\leftrightarrow j)\\&=-e^2K_J^\beta[\partial_\beta(b_{a\alpha}K_I^\alpha)-(I\leftrightarrow J)]A_i^I\,A_j^J\\&=-e^2\{[(\partial_\beta b_{a\alpha})K_J^\beta K_I^\alpha+b_{a\alpha}K_J^\beta(\partial_\beta K_I^\alpha)]-(I\leftrightarrow J)\}A_i^IA_j^J\\&=-e^2(\partial_\beta b_{a\alpha})(K_I^\alpha K_J^\beta-K_J^\alpha K_I^\beta)A_i^IA_j^J-e^2b_{a\alpha}f_{IJK}K_K^\alpha A_i^IA_j^J\end{aligned} \qquad [4]$$

となる。最後に[1]の第4項は

$$\begin{aligned}&e^2K_I^\alpha A_i^IK_J^\beta A_j^J(\partial_\beta b_{a\alpha})-(i\leftrightarrow j)\\&=e^2(\partial_\beta b_{a\alpha})(K_I^\alpha K_J^\beta-K_J^\alpha K_I^\beta)A_i^IA_j^J\end{aligned} \qquad [5]$$

である。これは[4]の第1項を打ち消す。[2]から[5]までを加えて

$$\Delta_{a,ij} = -eK^I_a b_i{}^\mu b_j{}^\nu (\partial_\mu A^I_\nu - \partial_\nu A^I_\mu) \\ -e^2 K^K_a f_{IJK} A^I_i A^J_j \tag{6}$$

を得る。ここで f_{IJK} の完全反対称性を仮定すると(10.4 b)となる。

次に(10.4 c)を調べてみる。

$$\Delta_{i,aj} = (b_a{}^\mu b_j{}^\nu - b_j{}^\mu b_a{}^\nu)\partial_\nu b_{i\mu} + (b_a{}^\mu b_j{}^\alpha - b_j{}^\mu b_a{}^\alpha)\partial_\alpha b_{i\mu} \\ +(b_a{}^\alpha b_j{}^\nu - b_j{}^\alpha b_a{}^\nu)\partial_\nu b_{i\alpha} + (b_a{}^\alpha b_j{}^\beta - b_j{}^\alpha b_a{}^\beta)\partial_\beta b_{i\alpha} \tag{7}$$

となるが，第1項は $b_a{}^\mu = 0$(10.2 d)によってゼロ。第2項では $b_{i\mu}$ が y^α によらないことのためゼロ。その他の項においては $b_{i\alpha} = 0$(10.2 d)が使えてゼロとなる。こうして，各項が全部消えて(10.4 c)を得る。

他の成分も同様の計算で導かれる。

10-5　(10.6)を導け。

まず(10.6 b)は

$$\omega_{ij,a} = \frac{1}{2}(\Delta_{a,ij} - \Delta_{i,ja} + \Delta_{j,ia}) \\ = \frac{1}{2}\Delta_{a,ij} = -\frac{1}{2}eK^I_a F^I{}_{ij} \tag{1}$$

次に(10.6 d)は，(10.4 e)により $\Delta_{i,ab} = 0$ であるから

$$\omega_{ai,b} = \frac{1}{2}(\Delta_{a,bi} + \Delta_{b,ai}) \\ = -\frac{1}{2}eA^I_i[(b_a{}^\beta b_{b\alpha} + b_b{}^\beta b_{a\alpha})(\partial_\beta K^\alpha_I) + b_a{}^\beta b_b{}^\gamma(\partial_\alpha g_{\beta\gamma})K^\alpha_I] \tag{2}$$

となる。ここで

$$b_b{}^\beta b_{a\alpha}(\partial_\beta K^\alpha_I) = b_b{}^\beta b_a{}^\alpha(\partial_\beta K^I{}_\alpha) + b_b{}^\beta b_{a\alpha}(\partial_\beta g^{\alpha\gamma})K^I_\gamma \tag{3}$$

とする。この第2項を

$$\partial_\beta g^{\alpha\gamma} = -g^{\alpha\delta} g^{\gamma\eta} \partial_\beta g_{\delta\eta} \tag{4}$$

を使って書きかえると，$g_{\alpha\beta}$ の微分はクリストフェル記号にまとめられ

$$[2] = -\frac{1}{2}eA^I_i b_a{}^\alpha b_b{}^\beta(\partial_\alpha K^I_\beta + \partial_\beta K^I{}_\alpha - \Gamma^\gamma_{\diamond\alpha\beta} K^I_\gamma) \tag{5}$$

となる。今の場合，内部空間は捩率なしと考えるのがもっともであろうから，クリストフェル記号は，そのまま対称なアファイン接続に等しい。したがって[5]の(　)の中は

$$\nabla_\alpha K^I_\beta + \nabla_\beta K^I_\alpha = 0 \qquad [6]$$

となる。これがゼロになるのは，キリング条件(9.28 b)による。

11-1　(11.8 b)を示せ。

$\mathscr{L}_{\rm RS}$ は

$$\mathscr{L}_{\rm RS} = b\frac{1}{2}\psi_\rho{}^T C^{-1}\Gamma^{\rho\mu\sigma}D_\mu\psi_\sigma \qquad [1a]$$

$$= -b\frac{1}{2}\psi_\rho{}^T C^{-1}(\overleftarrow{\partial}_\mu - \frac{1}{4}\omega^{ij}{}_{,\mu}\Gamma_{ij})\Gamma^{\sigma\mu\rho}\psi_\rho \qquad [1b]$$

の様に書けるから，

$$\frac{\delta\mathscr{L}}{\delta\psi_\lambda} = b\frac{1}{2}C^{-1}(\Gamma^{\lambda\mu\sigma}D_\mu\psi_\sigma + \frac{1}{4}\omega^{ij}{}_{,\mu}\Gamma_{ij}\Gamma^{\lambda\mu\sigma}\psi_\sigma) \qquad [2a]$$

$$\frac{\delta\mathscr{L}}{\delta\partial_\mu\psi_\lambda} = -b\frac{1}{2}C^{-1}\Gamma^{\lambda\mu\sigma}\ \psi_\sigma \qquad [2b]$$

したがって

$$\frac{\delta\mathscr{L}}{\delta\psi_\lambda} = C^{-1}(\Psi_0^\lambda + \Psi_1^\lambda) \qquad [3a]$$

$$\Psi_1^\lambda \equiv \frac{1}{2}[\partial_\mu(b\Gamma^{\lambda\mu\sigma})]\psi_\sigma \qquad [3b]$$

となる。[2 b]の微分の中で $\partial_\mu\psi_\sigma$ の項は[2a]の $\omega^{ij}{}_{,\mu}$ を含む項といっしょになって $D_\mu\psi_\sigma$ を与え，[2 a]の第1項からの寄与を2倍にした。

さて，[3 b]の右辺の(　)の中は，局所ロレンツ変換に対して不変だから，∂_μ は D_μ でおきかえても変わらない。まず

$$D_\mu b = \partial_\mu b = b_p{}^\theta(\partial_\mu b^p{}_\theta) \qquad [4]$$

また

$$\begin{aligned} bD_\mu\Gamma^{\lambda\mu\sigma} &= b[D_\mu(b_i{}^\lambda b_j{}^\mu b_k{}^\sigma)]\Gamma^{ijk} \\ &= b[(D_\mu b_j{}^\lambda)\Gamma^{\mu j\sigma} + (D_\mu b_j{}^\mu)\Gamma^{\lambda j\sigma} + (D_\mu b_k{}^\sigma)\Gamma^{\lambda\mu k}] \end{aligned} \qquad [5]$$

ここで(2.35 b)

$$D_\mu b_p{}^\lambda = -b_p{}^\rho b_q{}^\lambda(D_\mu b^q{}_\rho) \qquad [6]$$

を使うと[5]の第1項は

$$\begin{aligned} -bb_j{}^\rho b_m{}^\lambda(D_\mu b^m{}_\rho)\Gamma^{\mu j\sigma} &= -bb_m{}^\lambda(D_\mu b^m{}_\rho)\Gamma^{\mu\rho\sigma} \\ = -bb_m{}^\lambda(D_{[\mu}b^m{}_{\rho]})\Gamma^{\mu\rho\sigma} &= \frac{1}{2}bC^\lambda{}_{,\mu\rho}\ \Gamma^{\mu\rho\sigma} \end{aligned} \qquad [7]$$

となる。同様の計算により

$$\Psi_1^{\lambda} = \frac{1}{2} b(\overline{C^{\lambda}{}_{,\nu\rho}\Gamma^{\rho\nu\sigma}} - C^{\nu}{}_{,\nu\mu}\Gamma^{\mu\lambda\sigma})\psi_{\sigma} \qquad [8]$$

を得る。

11-2　(11.11)を導け。

$$\Gamma^{\lambda\mu\sigma}\Gamma_{ij} = b_{i\nu}b_{j\rho}\Gamma^{\lambda\mu\sigma\nu\rho} \qquad [1]$$

と書いておいて，付録Cの(C.4)で $p=3, q=2$ とおき，$\eta^{\mu\nu}$ を $g^{\mu\nu}$ と書き直すと

$$\begin{aligned}[1] &= b_{i\nu}b_{j\rho}(\Gamma^{\lambda\mu\sigma\nu\rho} + 6\overline{g^{\lambda\nu}\Gamma^{\mu\sigma\rho}} - 6\overline{g^{\lambda\nu}g^{\mu\rho}\Gamma^{\sigma}}) \\ &= \Gamma^{\lambda\mu\sigma}{}_{ij} + 6\overline{b_i{}^{\lambda}\Gamma^{\mu\sigma}{}_j} - 6\overline{b_i{}^{\lambda}b_j{}^{\mu}\Gamma^{\sigma}}\end{aligned} \qquad [2]$$

となる。

11-3　(11.19)を導け。

(11.14 b)を使って

$$\Gamma^{\theta\kappa\mu}\tilde{\Gamma}^{\nu\rho\sigma\tau}{}_{\mu} = \Gamma^{\theta\kappa\mu}\Gamma^{\nu\rho\sigma}{}_{\tau} - 8\Gamma^{\theta\kappa\nu}\Gamma^{\rho\sigma\tau} \qquad [1]$$

この第1項では(C.3 b)から

$$\Gamma^{\theta\kappa\mu} = \Gamma^{\theta\kappa}\Gamma^{\mu} - 2\overline{\Gamma^{\theta}\eta^{\kappa\mu}} \qquad [2]$$

また[1]の第1項の2番目の Γ は，$\Gamma^{\nu\rho\sigma\tau}{}_{\mu} = \Gamma_{\mu}{}^{\nu\rho\sigma\tau}$ である。(C.4)において $p=1$, $q=4$ とすると

$$\Gamma_{\mu}\Gamma^{\nu\rho\sigma\tau} = \Gamma_{\mu}{}^{\nu\rho\sigma\tau} + 4\overline{\delta^{\nu}_{\mu}\Gamma^{\rho\sigma\tau}} \qquad [3]$$

であり，これを代入すると，[1]の第1項は

$$\begin{aligned}\Gamma^{\theta\kappa\mu}\Gamma^{\nu\rho\sigma\tau}{}_{\mu} &= \Gamma^{\theta\kappa}\Gamma^{\mu}\Gamma_{\mu}\Gamma^{\nu\rho\sigma\tau} - 4\Gamma^{\theta\kappa}\overline{\Gamma^{\nu}\Gamma^{\rho\sigma\tau}} \\ &\quad - 2\overline{\Gamma^{\theta}\Gamma^{\kappa}}\Gamma^{\nu\rho\sigma\tau} + 8\overline{\Gamma^{\theta}\eta^{\kappa\nu}}\overline{\Gamma^{\rho\sigma\tau}} \\ &= (11-4-2)\Gamma^{\theta\kappa}\Gamma^{\nu\rho\sigma\tau} + 8\overline{\Gamma^{\theta}\eta^{\kappa\nu}}\overline{\Gamma^{\rho\sigma\tau}}\end{aligned} \qquad [4]$$

となる。ここで

$$\Gamma^{\mu}\Gamma_{\mu} = 11 \qquad [5a]$$

$$\overline{\Gamma^{\nu}\Gamma^{\rho\sigma\tau}} = \Gamma^{\nu\rho\sigma\tau} \qquad [5b]$$

を使った。

[4]の第1項に(C.4)の $p=2$, $q=4$ としたものを使うと

$$\Gamma^{\theta\kappa}\Gamma^{\nu\rho\sigma\tau} = \Gamma^{\theta\kappa\nu\rho\sigma\tau} - 8\overline{\eta^{\theta\nu}\Gamma^{\kappa\rho\sigma\tau}} - 12\overline{\eta^{\theta\nu}\eta^{\kappa\rho}\Gamma^{\sigma\tau}} \qquad [6a]$$

また[4]の第 2 項については，(C.4)で $p=1,\ q=3$ として

$$\eta^{\kappa\nu}\Gamma^{\theta}\Gamma^{\rho\sigma\tau}=\eta^{\kappa\nu}\Gamma^{\theta\rho\sigma\tau}+3\eta^{\kappa\nu}\eta^{\theta\rho}\Gamma^{\sigma\tau} \qquad [6b]$$

を得る。

[1]の第 2 項においても同様にして

$$\Gamma^{\theta\kappa\nu}\Gamma^{\rho\sigma\tau}=\Gamma^{\theta\kappa\nu\rho\sigma\tau}+9\eta^{\theta\rho}\Gamma^{\kappa\nu\sigma\tau}-18\eta^{\theta\rho}\eta^{\kappa\sigma}\Gamma^{\nu\tau}-6\eta^{\theta\rho}\eta^{\kappa\sigma}\eta^{\nu\tau} \qquad [7]$$

を得る。これらを[1]に代入すれば(11.19)が得られる。

11-4　(11.26 b)を導け。

(11.18)の第 2 項は

$$-\alpha_1[\bar{\psi}_\theta\Gamma^{\theta\kappa\mu}\tilde{\Gamma}^{\nu\rho\sigma\tau}{}_{\mu}(\partial_\kappa\varepsilon)]F_{\nu\rho\sigma\tau} \qquad [1]$$

これに(11.19)を使うと，Γ の 6 階，4 階，2 階，0 階の項が出てくる。6 階の項は簡単で，(11.19)の第 1 項により[1]に対する寄与は

$$3\alpha_1(\bar{\psi}_\nu\Gamma^{\nu\lambda\rho\sigma\kappa\tau}\partial_\lambda\varepsilon)F_{\rho\sigma\kappa\tau} \qquad [2]$$

となる。4 階の項は，(11.19)の第 1 行の第 2 項の寄与と，第 3 項の寄与とがちょうど打ち消すことがわかる。

2 階の項については，(11.19)の第 2 行第 1 項が

$$84\alpha_1(\bar{\psi}^\rho\Gamma^{\nu\tau}\partial_\kappa\varepsilon)F^{\kappa}{}_{\nu\rho\tau} \qquad [3a]$$

を与える。同じく第 2 行第 2 項の寄与は

$$-144\alpha_1(\bar{\psi}_\theta\eta^{\theta\rho}\eta^{\kappa\sigma}\Gamma^{\nu\tau}\partial_\kappa\varepsilon)F_{\nu\rho\sigma\tau} \qquad [3b]$$

である。この 3 階の反対称化を具体的に書いてみると，6 項のうち，4 項は $\eta^{\nu\sigma}$，あるいは $\eta^{\nu\rho}$ を含み，$F_{\nu\rho\sigma\tau}$ をかけることによってゼロとなる。残りは[3 a]と同じ形で，係数が 84 のかわりに -48 となる。結局，2 階の項の和は[3 a]で 84 を 36 と変えたものとなる。さらに 0 階の項は η のみから成り，F をかけると消えてしまう。こうして[1]は

$$3\alpha_1[(\bar{\psi}_\nu\Gamma^{\nu\lambda\rho\sigma\kappa\tau}\partial_\lambda\varepsilon)F_{\rho\sigma\kappa\tau}-12(\bar{\psi}^\rho\Gamma^{\nu\tau}\partial_\kappa\varepsilon)F^{\kappa}{}_{\nu\rho\tau}] \qquad [4]$$

となる。これは

$$3\alpha_1(\bar{\psi}_\nu\Gamma^{\nu\lambda\rho\sigma\kappa\tau}\partial_\lambda\varepsilon)F_{\rho\sigma\kappa\tau} \qquad [5]$$

に一致することがわかる。実際，(11.23 b)の第 2 項からの寄与は

$$36\alpha_1(\bar{\psi}_\nu\eta^{\nu\rho}\Gamma^{\sigma\kappa}\eta^{\tau\lambda}\partial_\lambda\varepsilon)F_{\rho\sigma\kappa\tau} \qquad [6a]$$

であるが，$F_{\rho\sigma\kappa\tau}$ の存在により，4 階の反対称化の記号はとり除いてもかまわない。

したがって

$$36\alpha_1(\bar{\psi}^{\rho}\Gamma^{\sigma\kappa}\partial^{\tau}\varepsilon)F_{\rho\sigma\kappa\tau} \qquad [6b]$$

となり，これが[4]の第2項と一致することは容易にわかる。(11.26 a)との和の係数は，$4\beta_1+3\alpha_1$ となる。

11-5　(11.32)は $b=\sqrt{-g}$ がなくても，これだけでスカラー密度であることを示せ。またゲージ不変性を確かめよ。

D 次元において $K_{\mu\nu\cdots}$ を D 階の反対称共変テンソル，$\varepsilon^{\mu\nu\cdots}$ を0または ±1 の値をとる定数レヴィ・チヴィタテンソルとし，

$$S=\varepsilon^{\mu\nu\cdots}K_{\mu\nu\cdots} \qquad [1]$$

を考える。一般座標変換 $x^{\mu}\to x'^{\mu}$ に対して S は

$$S'=\varepsilon^{\alpha\beta\cdots}K'_{\alpha\beta\cdots} \qquad [2]$$

となるとする。ここで

$$K'_{\alpha\beta\cdots}=\frac{\partial x^{\mu}}{\partial x'^{\alpha}}\frac{\partial x^{\nu}}{\partial x'^{\beta}}\cdots K_{\mu\nu\cdots} \qquad [3]$$

であるから，

$$S'=\varepsilon^{\alpha\beta\cdots}\frac{\partial x^{\mu}}{\partial x'^{\alpha}}\frac{\partial x^{\nu}}{\partial x'^{\beta}}\cdots K_{\mu\nu\cdots} \qquad [4]$$

この式の中で

$$\varepsilon^{\alpha\beta\cdots}\frac{\partial x^{\mu}}{\partial x'^{\alpha}}\frac{\partial x^{\nu}}{\partial x'^{\beta}}\cdots=\varepsilon^{\mu\nu\cdots}\det\left(\frac{\partial x^{\lambda}}{\partial x'^{\gamma}}\right)=\varepsilon^{\mu\nu\cdots}\frac{\partial(x)}{\partial(x')} \qquad [5]$$

である。ただし，$\partial(x)/\partial(x')$ は変換のヤコビアンである。[5]を[4]に代入すると，

$$S'=\frac{\partial(x)}{\partial(x')}S \qquad [6]$$

となり，スカラー密度の変換性を示す。

次に(11.3)で与えられるゲージ変換を行ってみる。F は不変であるので，$A_{\kappa\lambda\tau}\to A_{\kappa\lambda\tau}+\partial_{[\kappa}\Lambda_{\lambda\tau]}$ の第2項からの寄与のみが問題となる。$\Lambda_{\lambda\tau}$ にかかる ∂_{κ} を部分積分によって移すと，b がないから，二つの F のみにかかる。ところが，添字 κ は，ε の中にもあるので，必ず $\partial_{[\kappa}F_{\alpha\beta\gamma\delta]}$ の形となり，ビアンキ恒等式によってゼロとなる。

11-6　(11.36)を導け。

計算すべきは(11.27)の

$$\hat{\Gamma}^{\theta\lambda\alpha\beta\gamma\delta}\tilde{\Gamma}_{\lambda}{}^{\nu\rho\sigma\tau} = \Gamma^{\theta\lambda\alpha\beta\gamma\delta}\Gamma_{\lambda}{}^{\nu\rho\sigma\tau} - 8\Gamma^{\theta\nu\alpha\beta\gamma\delta}\Gamma^{\rho\sigma\tau} + 12\eta^{\theta\alpha}\Gamma^{\beta\gamma}\Gamma^{\delta\nu\rho\sigma\tau} - 96\eta^{\theta\alpha}\Gamma^{\beta\gamma}\eta^{\delta\nu}\Gamma^{\rho\sigma\tau} \qquad [1]$$

に $F_{\nu\rho\sigma\tau}F_{\alpha\beta\gamma\delta}$ をかけたものである。方針は簡単であるが，実際の計算は繁雑である。途中の計算に役立ちそうな式を参考のためにかかげておくにとどめる。[1]の各項に対して

$$\begin{aligned}\Gamma^{\theta\lambda\alpha\beta\gamma\delta}\Gamma_{\lambda}{}^{\nu\rho\sigma\tau} &= 2\Gamma^{\theta\alpha\beta\gamma\delta}\Gamma^{\nu\rho\sigma\tau} + 20\Gamma^{\theta\alpha\beta\gamma}\eta^{\delta\nu}\Gamma^{\rho\sigma\tau} \\ &= 2\Gamma^{\theta\alpha\beta\gamma\delta\nu\rho\sigma\tau} + 60\eta^{\theta\nu}\Gamma^{\alpha\beta\gamma\delta\rho\sigma\tau} \\ &\quad -480\eta^{\theta\nu}\eta^{\alpha\rho}\Gamma^{\beta\gamma\delta\sigma\tau} - 1200\eta^{\theta\nu}\eta^{\alpha\rho}\eta^{\beta\sigma}\Gamma^{\gamma\delta\tau} \\ &\quad +720\eta^{\theta\nu}\eta^{\alpha\rho}\eta^{\beta\sigma}\eta^{\gamma\tau}\Gamma^{\delta}\end{aligned} \qquad [2a]$$

$$\begin{aligned}-8\Gamma^{\theta\nu\alpha\beta\gamma\delta}\Gamma^{\rho\sigma\tau} &= -8(\Gamma^{\theta\alpha\beta\gamma\delta\nu\rho\sigma} - 18\eta^{\theta\rho}\Gamma^{\nu\alpha\beta\gamma\delta\sigma\tau} \\ &\quad -90\eta^{\theta\rho}\eta^{\nu\sigma}\Gamma^{\alpha\beta\gamma\delta\tau} + 120\eta^{\theta\rho}\eta^{\nu\sigma}\eta^{\alpha\tau}\Gamma^{\beta\gamma\delta})\end{aligned} \qquad [2b]$$

$$12\Gamma^{\beta\gamma}\Gamma^{\delta\nu\rho\sigma\tau} = 12(\Gamma^{\beta\gamma\delta\nu\rho\sigma\tau} - 10\eta^{\beta\delta}\Gamma^{\gamma\nu\rho\sigma\tau} - 20\eta^{\beta\delta}\eta^{\gamma\nu}\Gamma^{\rho\sigma\tau}) \qquad [2c]$$

$$-96\Gamma^{\beta\gamma}\Gamma^{\rho\sigma\tau} = -96(\Gamma^{\beta\gamma\rho\sigma\tau} - 6\eta^{\beta\rho}\Gamma^{\gamma\sigma\tau} - 6\eta^{\beta\rho}\eta^{\gamma\sigma}\Gamma^{\tau}) \qquad [2d]$$

$F_{\alpha\beta\gamma\delta}F_{\nu\rho\sigma\tau}$ をかけると

$$\begin{aligned}[2a]F_{\alpha\beta\gamma\delta}F_{\nu\rho\sigma\tau} &= 2\Gamma^{\theta\alpha\beta\gamma\delta\nu\rho\sigma\tau}F_{\alpha\beta\gamma\delta}F_{\nu\rho\sigma\tau} + 12\Gamma^{\alpha\beta\gamma\delta\rho\sigma\tau}F_{\alpha\beta\gamma\delta}F^{\theta}{}_{\rho\sigma\tau} \\ &\quad -192\Gamma^{\beta\gamma\delta\sigma\tau}F_{\alpha\beta\gamma\delta}F^{\theta\alpha}{}_{\sigma\tau} - 288\Gamma^{\theta\gamma\delta\sigma\tau}F_{\alpha\beta\gamma\delta}F^{\alpha\beta}{}_{\sigma\tau} \\ &\quad -720\Gamma^{\gamma\delta\tau}F_{\alpha\beta\gamma\delta}F^{\theta\alpha\beta}{}_{\tau} + 576\Gamma^{\delta}F_{\alpha\beta\gamma\delta}F^{\theta\alpha\beta\gamma} \\ &\quad +144\Gamma^{\theta}F_{\alpha\beta\gamma\delta}F^{\alpha\beta\gamma\delta}\end{aligned} \qquad [3a]$$

$$\begin{aligned}[2b]FF &= -8\Gamma^{\theta\alpha\beta\gamma\delta\nu\rho\sigma\tau}F_{\alpha\beta\gamma\delta}F_{\nu\rho\sigma\tau} - 24\Gamma^{\alpha\beta\gamma\delta\rho\sigma\tau}F_{\alpha\beta\gamma\delta}F^{\theta}{}_{\rho\sigma\tau} \\ &\quad +192\Gamma^{\beta\gamma\delta\sigma\tau}F_{\alpha\beta\gamma\delta}F^{\theta\alpha}{}_{\sigma\tau} + 288\Gamma^{\theta\gamma\delta\sigma\tau}F_{\alpha\beta\gamma\delta}F^{\alpha\beta}{}_{\sigma\tau} \\ &\quad +288\Gamma^{\gamma\delta\tau}F_{\alpha\beta\gamma\delta}F^{\theta\alpha\beta}{}_{\tau}\end{aligned} \qquad [3b]$$

$$\begin{aligned}[2c]FF &= 12\Gamma^{\alpha\beta\gamma\delta\rho\sigma\tau}F_{\alpha\beta\gamma\delta}F^{\theta}{}_{\rho\sigma\tau} \\ &\quad +96\Gamma^{\beta\gamma\delta\sigma\tau}F_{\alpha\beta\gamma\delta}F^{\theta\alpha}{}_{\sigma\tau} - 144\Gamma^{\gamma\delta\tau}F_{\alpha\beta\gamma\delta}F^{\theta\alpha\beta}{}_{\tau}\end{aligned} \qquad [3c]$$

$$\begin{aligned}[2d]FF &= -96\Gamma^{\beta\gamma\delta\sigma\tau}F_{\alpha\beta\gamma\delta}F^{\theta\alpha}{}_{\sigma\tau} \\ &\quad +576\Gamma^{\gamma\delta\tau}F_{\alpha\beta\gamma\delta}F^{\theta\alpha\beta}{}_{\tau} + 576\Gamma^{\delta}F_{\alpha\beta\gamma\delta}F^{\theta\alpha\beta\gamma}\end{aligned} \qquad [3d]$$

これらを合わせて

$$[1]FF=-6\Gamma^{\theta\alpha\beta\gamma\delta\nu\rho\sigma\tau}F_{\alpha\beta\gamma\delta}F_{\nu\rho\sigma\tau}+144(\Gamma^{\theta}F_{\alpha\beta\gamma\delta}F^{\alpha\beta\gamma\delta}+8\Gamma^{\delta}F_{\alpha\beta\gamma\delta}F^{\theta\alpha\beta\gamma}) \quad [4]$$

これが(11.36)を与える。

12-1　(12.4)を導け。

$\phi^a{}_a(x)$はいろいろな形で含まれる。特に$b^{a\alpha}$を通じて非線形な形で現れる。しかし，ここではその運動エネルギー項$\partial_\mu\phi_{ab}\partial^\mu\phi^{ab}$,$\partial_\mu\phi^a{}_a\partial_\mu\phi^b{}_b$にのみ注目する。ラグランジアン(10.3d)は$\omega$の双1次形式であるから，$\Delta_{AB,C}$の中で，$\partial_\mu b_a{}^\alpha$を線形に含むもののみを取り出す。(10.3a)の形から$b_i{}^\alpha$のような項は$e\mathscr{A}^\alpha{}_i$などを含むので高次の項となり，落とすことにする。結局残すべき項は

$$\hat{\Delta}_{a,bi}=\frac{1}{2}ab_i{}^\mu b_b{}^\alpha\partial_\mu\phi_{a\alpha} \quad [1]$$

のみであることがわかる。これを(10.3b)に代入すると，考慮すべき項は

$$\hat{\omega}_{ab,i}=\frac{1}{4}ab_i{}^\mu b_b{}^\alpha\partial_\mu\phi_{a\alpha} \quad [2a]$$

$$\hat{\omega}_{ia,b}=-\frac{1}{4}ab_i{}^\mu(b_b{}^\alpha\partial_\mu\phi_{a\alpha}+b_a{}^\alpha\partial_\mu\phi_{b\alpha}) \quad [2b]$$

となる。また$b_b{}^\alpha$としては(12.3b)の第1項$a\delta_b{}^\alpha$のみを残すと，(10.3d)に対する寄与として

$$\frac{1}{2}\sqrt{-g}\,\hat{R}=-\frac{1}{4}\partial_\mu\phi_{ab}\partial^\mu\phi^{ab}+\frac{1}{8}\partial_\mu\phi^a{}_a\partial^\mu\phi^b{}_b \quad [3]$$

を得る。

12-2　ベクトル場の相対変換。

ベクトル場A_μに対するラグランジアン

$$L_0=-\frac{1}{4}F_{\mu\nu}F^{\mu\nu} \quad [1]$$

を，$F_{\mu\nu}$を独立変数として変分する。しかし，このままではビアンキ恒等式

$$\varepsilon^{\rho\sigma\mu\nu}\partial_\sigma F_{\mu\nu}=0 \quad [2]$$

がみたされる保証がないから，(12.8d)におけると同様，ラグランジュの未定係数の場として$C_\rho(x)$を導入し，[1]に

$$L' = \frac{1}{2} C_\rho \partial_\sigma (\varepsilon^{\rho\sigma\mu\nu} F_{\mu\nu}) \qquad [3]$$

をつけ加える：

$$L_1 = L_0 + L' \qquad [4]$$

これを C_ρ について変分すれば[2]が得られるから，[4]は[1]を A_μ について変分する普通の方法と同等である。

[3]を次のように変形しておく：

$$\begin{aligned} L' &\veebar -\frac{1}{2}\varepsilon^{\rho\sigma\mu\nu}(\partial_\sigma C_\rho) F_{\mu\nu} \\ &= \frac{1}{4}\varepsilon^{\rho\sigma\mu\nu} C_{\rho\sigma} F_{\mu\nu} \end{aligned} \qquad [5a]$$

ここで，

$$C_{\rho\sigma} = \partial_\rho C_\sigma - \partial_\sigma C_\rho \qquad [5b]$$

とおいた。こうしておいて L_1 を $F_{\mu\nu}$ について変分すると

$$F^{\mu\nu} = \frac{1}{2}\varepsilon^{\mu\nu\rho\sigma} C_{\rho\sigma} \qquad [6]$$

を得る。これを[1]＋[5a]に代入すると

$$L_1 = -\frac{1}{4} C_{\rho\sigma} C^{\rho\sigma} \qquad [7]$$

となる。計算の途中で

$$\varepsilon_{\mu\nu\rho\sigma}\varepsilon^{\mu\nu\kappa\lambda} = -4\delta_\rho^{[\kappa}\delta_\sigma^{\lambda]} \qquad [8]$$

を使った。[6]は相対変換で，パリティを逆にする。したがって，C_μ は A_μ とは逆のパリティを持つ。

12-3　(12.15a)の対角化。

(12.15a)の(　)の中の

$$\begin{aligned} \bar{\psi}_M \Gamma^{MNP} D_N \psi_P = {}& \bar{\psi}_i \Gamma^{i\mu j} D_\mu \psi_j + \bar{\psi}_i \Gamma^{i\mu b} D_\mu \psi_b + \bar{\psi}_a \Gamma^{a\mu j} D_\mu \psi_j \\ &+ \bar{\psi}_a \Gamma^{a\mu b} D_\mu \psi_b \end{aligned} \qquad [1]$$

に，(12.15b)

$$\psi_j = \psi_j' - \frac{1}{2}\Gamma_j \Gamma^b \psi_b \qquad [2]$$

を代入する。まず[1]の第1項は

$$\bar{\psi}_j\Gamma^{i\mu j}D_\mu\psi_j=\bar{\psi}'_i\Gamma^{i\mu j}D_\mu\psi'_j-\frac{1}{2}\bar{\psi}_a\Gamma^a\Gamma_i\Gamma^{i\mu j}D_\mu\psi'_j -\frac{1}{2}\bar{\psi}'_i\Gamma^{i\mu j}\Gamma_j\Gamma^b\psi_b+\frac{1}{4}\bar{\psi}_a\Gamma^a\Gamma_i\Gamma^{i\mu j}\Gamma_j\Gamma^b D_\mu\psi_b \quad [3]$$

となる。同様に[1]の第2，第3項は

$$\bar{\psi}_i\Gamma^{i\mu b}D_\mu\psi_b=\bar{\psi}'_i\Gamma^{i\mu b}D_\mu\psi_b-\frac{1}{2}\bar{\psi}_a\Gamma^a\Gamma_i\Gamma^{i\mu b}D_\mu\psi_b \quad [4a]$$

$$\bar{\psi}_a\Gamma^{a\mu j}D_\mu\psi_j=\bar{\psi}_a\Gamma^{a\mu j}D_\mu\psi'_j-\frac{1}{2}\bar{\psi}_\sigma\Gamma^{a\mu j}D_\mu\Gamma_j\Gamma^b\psi_b \quad [4b]$$

となる。[3]の第2項に

$$\Gamma_i\Gamma^{i\mu j}=2\Gamma^{\mu j} \quad [5]$$

を使うと

$$-\frac{1}{2}\bar{\psi}_a\Gamma^a\Gamma_i\Gamma^{i\mu j}D_\mu\psi'_j=-\bar{\psi}_a\Gamma^{a\mu j}D_\mu\psi_j{}' \quad [6]$$

となり，これは[4b]の第1項を打ち消す。ここで $\Gamma^a\Gamma^{\mu j}=\Gamma^{a\mu j}$ を使った。同様に[3]の第3項は[4a]の第1項を打ち消す。これで，ψ_i と ψ_a との混合項はなくなった。

次に[5]とともに

$$\Gamma^{\mu j}\Gamma_j=3\Gamma^\mu \quad [7]$$

を使って，[3]の最後の項は

$$\frac{3}{2}\bar{\psi}_a\Gamma^a\Gamma^\mu\Gamma^b D_\mu\psi_b \quad [8]$$

となる。同じような計算により，[4a]と[4b]の第2項は同じ寄与を与え，両方で[8]の -2 倍となる。さらに，[1]の最後の項において

$$\Gamma^{a\mu b}=-\Gamma^{ab\mu}=-\Gamma^{ab}\Gamma^\mu =(-\Gamma^a\Gamma^b+\delta^{ab})\Gamma^\mu \quad [9]$$

を代入すると

$$\bar{\psi}_a\Gamma^{a\mu b}D_\mu\psi_b=\bar{\psi}_a(-\Gamma^a\Gamma^b+\delta^{ab})\not{D}_4\psi_b \quad [10]$$

を得る。以上を全部合わせて

$$[1]=\bar{\psi}'_i\Gamma^{i\mu j}D_\mu\psi'_j+\bar{\psi}_a(\frac{1}{2}\Gamma^a\Gamma^b+\delta^{ab})\not{D}_4\psi_b \quad [11]$$

が得られる。

12-4　ψ_{ip} が $SO(8)$ のベクトル表現となることを示せ。

ψ_{ip} における 4 次元添字 i を省略し，7 次元のスピノル添字 p のみを残して ψ_p と書く（$p=1,\ 2,\ \cdots 8$）。また Γ_A の 7 次元部分を Γ_a（この問題に限り $a=1,2,\cdots,7$ とする）と書く。Γ_a からは $SO(7)$ の生成子 Γ_{ab} が作られるが，実はさらに大きな $SO(8)$ の生成子を作ることができる。これをまず示そう。

7 次元のクリフォード代数

$$\{\Gamma_a, \Gamma_b\}=2\delta_{ab} \qquad [1]$$

から

$$[\Gamma_{ab}, \Gamma_{cd}]=-2(\delta_{ac}\Gamma_{bd}-\cdots)=-8\delta_{ac}\Gamma_{bd} \qquad [2]$$

が得られる。これは $SO(7)$ の生成子の代数である。一方，Γ_a は $SO(7)$ のベクトルであるから

$$[\Gamma_{ab}, \Gamma_c]=-2(\delta_{ac}\Gamma_b-\delta_{bc}\Gamma_a) \qquad [3]$$

も明らかである。ここで

$$\Gamma_{a8}=-\Gamma_{8a}\equiv i\Gamma_a \qquad [4]$$

によって Γ_{a8} なる量を定義すると[3]は

$$[\Gamma_{ab}, \Gamma_{c8}]=-2(\delta_{ac}\Gamma_{b8}-\delta_{bc}\Gamma_{a8}) \qquad [5]$$

という形に書ける。また

$$[\Gamma_{a8}, \Gamma_{b8}]=-[\Gamma_a, \Gamma_b]=-2\Gamma_{ab}=-2\delta_{88}\Gamma_{ab} \qquad [6]$$

とも書くことができる。ここで

$$\delta_{88}=1 \qquad [7]$$

とおいた。そこで，1,2,…,7,8 の範囲にわたる添字 $\hat{a}$ を導入すると[2]，[5]，[6]は

$$[\Gamma_{\hat{a}\hat{b}}, \Gamma_{\hat{c}\hat{d}}]=-8\delta_{\hat{a}\hat{c}}\Gamma_{\hat{b}\hat{d}} \qquad [8]$$

の形にまとめることができる。これは $SO(8)$ の生成子の代数にほかならない。

これに基いて $SO(8)$ の無限小変換

$$\psi \longrightarrow \psi + \delta\psi$$
$$\delta\psi_p = \frac{1}{4}\varepsilon^{\hat{a}\hat{b}}(\Gamma_{\hat{a}\hat{b}}\psi)_p \qquad [9a]$$

を考える。パラメター $\varepsilon^{\hat{a}\hat{b}}$ を，ε^{ab} と $\varepsilon^{a8} = -\varepsilon^{8a}$ に分けて[9a]の第2式を書き直すと

$$\delta\psi_p = \left[\frac{1}{4}\varepsilon^{ab}(\Gamma_{ab})_{pq} + i\frac{1}{2}\varepsilon^{a8}(\Gamma_a)_{pq}\right]\psi_q \qquad [9b]$$

となる。これは

$$\delta\psi_p = 2\hat{\varepsilon}_{pq}\psi_q \qquad [10a]$$

の形である。ただし

$$\hat{\varepsilon}_{pq} = \left(\frac{1}{8}\varepsilon^{ab}\Gamma_{ab} + i\frac{1}{4}\varepsilon^{a8}\Gamma_a\right)_{pq} \qquad [10b]$$

である。これは pq について必ずしも反対称ではないが，(12.17) で定義される行列 $\hat{C}$ を使って

$$\delta\psi' = \hat{C}\delta\psi \qquad [11a]$$

というユニタリー変換を考える。すなわち

$$\delta\psi'_p = (\hat{C})_{pq}\delta\psi_q = 2\varepsilon'_{pq}\psi_q \qquad [11b]$$

とすると

$$\begin{aligned}\varepsilon'_{pq} &= \hat{C}_{pr}\hat{\varepsilon}_{rq} \\ &= \left(\frac{1}{8}\varepsilon^{ab}\hat{C}\Gamma_{ab} + i\frac{1}{4}\varepsilon^{a8}\hat{C}\Gamma_a\right)_{pq}\end{aligned} \qquad [11c]$$

である。(12.18b) と同様に

$$(\hat{C}\Gamma_{ab})^T = -\hat{C}\Gamma_{ab}, \quad (\hat{C}\Gamma_a)^T = -\hat{C}\Gamma_a \qquad [12a]$$

であるから

$$\varepsilon'_{pq} = -\varepsilon'_{qp} \qquad [12b]$$

となり，[11b]はたしかに $SO(8)$ のベクトルとしての変換を表わす。

12-5　(12.17) における $\hat{C}$ を具体的に構成せよ。

4節の構成法によると，3種類のパウリ行列 τ, θ, ω を用いて

$$\Gamma_4 = \gamma_5\tau_1, \qquad \Gamma_5 = \gamma_5\tau_2 \qquad [1a]$$
$$\Gamma_6 = \Gamma_{\#6}\theta_1 = \gamma_5\tau_3\theta_1, \qquad \Gamma_7 = \gamma_5\tau_3\theta_2 \qquad [1b]$$
$$\Gamma_8 = \Gamma_{\#8}\omega_1 = -\gamma_5\tau_3\theta_3\omega_1, \qquad \Gamma_9 = -\gamma_5\tau_3\theta_3\omega_2 \qquad [1c]$$

$$\Gamma_{10}=\Gamma_{\#10}=-\gamma_5\tau_3\theta_3\omega_3 \qquad [1d]$$

と表すことができる。$\hat{C}$としては

$$\hat{C}=\tau_2\theta_1\omega_2 \qquad [2]$$

とえらべばよい。

文　献

この分野の研究には，おびただしい数の論文があるが，以下に掲げるのは，本書の記述に直接関係のある原著論文，およびもっと一般的な性格の教科書，総合報告のみである。古い論文はあまり挙げていない。

超重力理論全般に関する総合報告としては，まず

P. van Nieuwenhuizen: *Physics Reports* **68** (1981), 189. を挙げなければならない。これは，すこし古いが，膨大な文献表を含んでいる。また教科書スタイルの本

J. Wess and J. Bagger: *Supersymmetry and Supergravity,* Princeton University Press (1982)

もあるが，これは主として「超場」を用いて書かれている。

第1節に関する原著論文としては

R. Utiyama: *Physical Review* **101** (1956), 1597.

T. W. B. Kibble: *Journal of Mathematical Physics* **2** (1961), 212.

K. Hayashi and A. Bregman: *Annals of Physics* **75** (1973), 562.

を挙げる。また総合報告としては

F. W. Hehl, P. von Heyde, G. D. Kerlich and J. M. Nester: *Reviews of Modern Physics* **48** (1976), 393.

がある。

5節の大域的超対称性については

J. Wess and B. Zumino: *Nuclear Physics* **70** (1974), 39; **78** (1974), 1.

が出発点であるが，総合報告として

P. Fayet and S. Ferrara: *Physics Reports* **32C** (1977), 250.

A. Salam and J. Starathdee: *Forschritte der Physik* **26** (1978), 5.

および上記の Wess and Bagger の本が利用できる。

7節は主として

S. Deser and B. Zumino: *Physics Letters* **62B** (1976), 335.

に基づくが，最初に2階方式で試みられた

S. Ferrara, D. Z. Freedman, and P. van Nieuwenhuizen: *Physical Review* **D13** (1976), 3214.

もぜひ参照されたい。8節の議論は

D. Z. Freedman and P. van Nieuwenhuizen: *Physical Review* **D14** (1976), 912.

K. S. Stelle and P. C. West: *Physics Letters* **74B** (1978), 330.

S. Ferrara and P. van Nieuwenhuizen: *Physics Letters* **74B** (1978), 333.

を紹介したものであるが，特に最後の結果については後の2つの論文を見ていただきたい。

9節，10節（および付録B）の記述は

J. Scherk: in *Recent Development in Gravitation, Cargese 1978*, ed. M. Levy and S. Deser, Plenum Press (1979), 479.

J. Scherk and J. Schwarz: *Nuclear Physics* **B153** (1979), 61.

に負うところが多い。11節，12節の基になったのはもちろん

E. Cremmer and B. Julia: *Nuclear Physics* **159** (1979), 141.

である。また12節後半のS^7の理論については，総合報告として

M. J. Duff, B. E. W. Nilsson and C. N. Pope: *Physics Reports* **130** (1986), 1.

がある。

新しい発展について知るには，多くの会議録があるが，たとえば

K. Dietz, R. Flume, G. v. Gehlen and V. Rittenberg ed. : *Supersymmetry*, NATO ASI Seriese, Plenum Press (1984)

R. D'Aurie and P. Fre ed. : *Superunification and Extra Dimensions*, World Scientific (1986)

などを参照していただきたい。

索　引

さ　行

た　行

な　行

は　行

<著者略歴>

藤井保憲

1954年　名古屋大学理学部卒業
1959年　名古屋大学大学院博士課程修了（理学博士）
1978年　東京大学教養学部教授
1992年　東京大学名誉教授，日本福祉大学教授
2002年　日本福祉大学退職

著　書

時空と重力（産業図書，物理学の廻廊シリーズ）
時間とは何だろうか（岩波書店）
相対論（1995-2003 放送大学印刷教材；放送大学教育振興会）
Y.Fujii and K.Maeda, The scalar-tensor theory of gravitation
(Cambridge University Press, 2003)

超重力理論入門

2005年7月25日　初　版
2017年2月1日　第9刷

著　者　藤井保憲

発行者　飯塚尚彦

発行所　産業図書株式会社

〒102-0072 東京都千代田区飯田橋2-11-3
電話 03(3261)7821(代)
FAX 03(3239)2178
http://www.san-to.co.jp

ISBN978-4-7828-1012-5 C3042

印刷
製本・デジタルパブリッシングサービス